保富法

聂云台 著

哈尔滨出版社
HARBIN PUBLISHING HOUSE

图书在版编目（CIP）数据

保富法／聂云台著.—哈尔滨：哈尔滨出版社，
2016.6（2018.8重印）
ISBN 978-7-5484-2512-0

Ⅰ.①保… Ⅱ.①聂… Ⅲ.①人生哲学-通俗读物
Ⅳ.①B821-49

中国版本图书馆CIP数据核字（2016）第037550号

书　　名：**保富法**

作　　者：聂云台　著
责任编辑：马丽颖　韩金华
责任审校：李　战
封面设计：华夏视觉

出版发行：哈尔滨出版社（Harbin Publishing House）
社　　址：哈尔滨市松北区世坤路738号9号楼　　邮编：150028
经　　销：全国新华书店
印　　刷：北京京丰印刷厂
网　　址：www.hrbcbs.com　　www.mifengniao.com
E-mail：hrbcbs@yeah.net
编辑版权热线：（0451）87900271　87900272
销售热线：（0451）87900202　87900203
邮购热线：4006900345（0451）87900256

开　　本：710mm×1000mm　1/32　印张：4.5　字数：70千字
版　　次：2016年6月第1版
印　　次：2018年8月第2次印刷
书　　号：ISBN 978-7-5484-2512-0
定　　价：46.00元

伐那婆斯尊者
因揭陀羅尊者

注荼半託迦尊者
嘉慶御覽之寶
阿氏多尊者

【目 录】

第一辑　《保富法》

第二辑 培心植德

南无大日遍照佛
南无踰城世尊佛

名人评《保富法》

读到贵家家书，不胜钦佩。文正公的处世心得，阁下谨记并付诸人生，因此能脱离富贵习气，保持本性天真，不随波逐流。给某君写信，信中所言，实在是激励人心、走出颓废的妙法，但如果某君无此志向，信就起不到应有的作用了。然而若流传，使公众读之，肯定有人愿意听取效法的。参透因果，将其中玄机写出来推至最重要的位置，公众读后纷纷效法行为，也多了一些人可能成为圣贤。这实在是救世至好的文章。

印光大师

曾国藩的外孙聂云台，解放前上海商会会长。他学贯中西，中年接触佛法，就很认真地学佛，使他的思想、认识得到很大提高。后来他写了《保富法》，就是用佛学观点来说明怎样才能得到财富，怎样才能保住财富。

昌臻法师

我们读《保富法》，也应当仔细体念它所讲的真理。看了一次，不十分明白，不妨多看几遍直到彻底明了为止。那么临到实行的时候，决不会有什么踌躇了。人为财死，不如多做公益事业，利己利人，才是扬名后世的大道。

柳亚子

代序一　与聂云台居士书

印光大师

读到贵家家书，不胜钦佩。文正公的处世心得，阁下谨记并付诸人生，因此能脱离富贵习气，保持本性天真，不随波逐流。给某君写信，信中所言，实在是激励人心、走出颓废的妙法，但如果某君无此志向，信就起不到应有的作用了。然而若流传，使公众读之，肯定有人愿意听取效法的。参透因果，将其中玄机写出来推至最重要的位置，公众读后纷纷效法行为，也多了一些人可能成为圣贤。这实在是救世至好的文章。因此知道因果之道理，意义深远，那些认为它只是一时的权宜小义，皆是道听途说之流肤浅的认识罢了。

我常说：因果道理，既教育世人为圣为贤，也掌握着平治天下、普度众生的大权。当今之世，如果不提倡因果，即使佛、菩萨、圣贤都出现于世，

也未能有好结果。我还认为：教育子女，是治理国家平天下的首要之事，尤其是教育女子。治国平天下的大权，一大半掌握在天下女子手上。之所以世上少贤人，是因为世上少贤女子。有贤女，则有贤妻良母。有贤妻良母，那么他们的丈夫子女不贤者，这样的情况就会减少。学校提倡男女平等同权，定是不知实际的世情。须知男子有男子的权力，女子有女子的权力。相夫教子，乃女子的天职，这个权力极大。

这就是我的愚见，不知阁下是否赞同。如果不是那么悖谬，敢请加以发挥宣扬，这对挽回世道说不定也是一次帮助。

代序二　财富果报

昌臻法师

在现实社会中，人人都想发财。学佛，你要求人天福报一样的可以得到，这必须按因果规律来办事。种布施的因可以得到财富的果报，这种例子很多的。

曾国藩的外孙聂云台，解放前上海商会会长。他学贯中西，中年接触佛法，就很认真地学佛，使他的思想、认识得到很大提高。后来他写了《保富法》，就是用佛学观点来说明怎样才能得到财富，怎样才能保住财富。他谈的完全是以他个人一生接触，亲眼看见的。他接触了两类人物，其中一类是与曾国藩同时代的一批做大官的人。如李鸿章、左宗棠一类的人，他对这些家庭都很熟悉，他观察了这些家庭的兴衰成败。有些家庭第一世做大官、发大财，第二世家破人亡；有些家庭子孙很好，能够继承家业，若干代下去都还出人才，保有财富，保有社会地位。他就是抒发这种观点，来看种什么因，结什么果。如果你要希望子孙代代都有钱，那需要懂得种布施的因。布施是培福，布施是开源。又要懂得惜福，爱惜福报，不浪费，不奢侈，那么自然家道昌盛，就能够传若干代。譬如曾国藩第五代的孙儿曾昭抡教授（编者注：应为曾国藩的曾侄孙），品学俱优，五十年代初曾任国家高教部副部长。左宗棠家也是，有个是科学院的院士嘛。但是有些早就家败人亡了，第二代就家败人亡了。

《保富法》记载当时由于曾国藩的关系，湖南人到其他省去担任第一、二把手的人不少。那些人都是找大钱的，但是第二代就家败人亡了。这说明了不管你再会搞，你逃不了因果规律。因果不要说凡夫逃不脱，佛菩萨都逃不脱。

代序三　一个保富法的实行者

柳亚子

自从《申报》刊载聂云台先生的《保富法》以来，一时家传户诵，不知感动了多少人。不过目前还不知道究竟有多少富翁能身体力行，因为说说容易，临到了实行的时候，就不免有困难，所谓知之非艰，行之维艰。这个我们不必去谈它，日后自会见分晓的。我现在要介绍给诸位读者的，是远在明朝的一位保富法实行者。他的行为，很值得研究。在张大复的《梅花草堂集》中有这样一段记载："西蜀某宦官按察，生五子，各立中下产，仅给饘粥，己身服御，亦绝不使有余。既老寿，乃出平生所积奉羡，可万金，愿佐公帑之不给。吏告帑金不缩，亦无公事须助。宦乃请令穴废院而窖之，题石版云：'还之造物。'既百年，窖如故。万历辛酉，奢酋扇乱，劫掠公私物殆尽；成都府士民无所得食，岌岌不守。

有知其事者，白之官，用免残破。此老高义，直贯无千古无论，即其时宦兹土者，与兹土士民，皆廉吏廉夫矣。”

读者或许要笑这位先生太傻，何必把金钱窖藏起来。我的意思，那时或许没有什么慈善机关的组织，他本要捐给公家，公家又不接受。到这个时候，换了别人，或许要改变初衷，仍旧把财产分给子女；旁人也不能说他出尔反尔，因为那笔钱实在无处可放。可是这位先生，见了这笔款子，就好像毒蛇猛兽，无论如何不容许它留在子女的手里。宁可请令穴废院而窖之，不可贻子孙以百世之祸。我们看了，真不能不佩服他的卓见，实在非普通一般有钱人所及得到。他对保富法的原理，明白透彻到万分，不是单单知道一点皮毛，所以一旦打定了主意，便决不改变。

我们读《保富法》，也应当仔细体念它所讲的真理。看了一次，不十分明白，不妨多看几遍直到彻底明了为止。那么临到实行的时候，决不会有什么踌躇了。人为财死，不如多做公益事业，利己利人，才是扬名后世的大道。

代序四　保福培祉

丁福保

云台先生所著之《保富法》，字字皆从肺腑中流出。日前，黄君警顽，将此稿采登《申报》。而阅者在数日间，捐入“《申报》读者助学金”，有四十七万五千余元之巨款。可见此书劝化之力大矣。

昔太仓陆毅氏有言：“造物忌才，尤忌财；两者兼而备之，而又非其定分之所固有，则立致奇祸。予尝目击之，而识其理之必然也。一巨公者，登第数年，遽开府，入为卿贰，才略经济，卓然有闻于时；令子继起，同列清华，尤为世俗艳羡。俄而，两孙夭，一子随之，巨公亦殁。半载之中，三代沦亡，斩焉绝后；独太夫人在堂，年九十余，如饥褰老人，不复能言，滴泪而已。按公在朝时，岁遣人、走四方、索币赋，其词甚哀，有不忍道者。人以为不可却，多勉力以供，积而数之，殆不胜记；实亦无所祸福于人，不过借在山之势，故作乞怜之状，以主于必得，得之，而人莫怨，然后享之也安。此其为计甚巧，所谓才与财兼焉者；而不虞一朝弃之，不能挟纤毫从地下也。造物之鉴人也，为善者，欲其不令人知；为不善者，欲其令人知。为善不令人知，阴德是也，故食报必丰。今巨公之取财，使人不知其为恶，其事与种德者相反，而其意同出于阴，宜乎报之亦酷。虽苍苍者大难间，而举此，为巧于取财者之戒，亦一仕路前车也。”

设某巨公能用此书言之法，既积而复散之，必可化奇祸为巨福。然近年来发横财者甚伙，他日必为某巨公之续，可无疑也。如欲保全之，非先读此书不可！夙植厚者，一读而即信，又能实行；夙孽深者，虽读而不信，即耳提面命，亦不能从，或且背道而驰焉。

盖以今世之人，大抵不知幽明之理，以为人死无鬼，一切皆已断灭；故生时所做之事，苟一时有利于己，虽有害于人，不顾也；即人所受之害，其损失过于己之利益，重大至千万倍，亦不顾也；所以欲富己而贫人，贵己而贱人，寿己而夭人，一切杀盗淫妄等十恶大罪，无不放胆为之。而不知寿算尽时，生前一切怨鬼，皆来索命，死后同至阎王处审判；生前所得之便宜、所做之黑暗事业，皆须一一偿还，或入地狱，或入饿鬼、畜生道中；其所得之业报，与生前所做之十恶，其轻重大小，如五雀六燕之铢两称也。余叙此书，而略述因果轮回之事，以劝世人。质诸云台先生，以为何如？

代序五　读《保富法》有感

马荫良（曾任职《申报》馆经理）

最近读了聂云台先生的《保富法》，心中很有许多感触。聂先生虽然说保富，可是口口声声劝人不富，并且更进一步劝把富一已的心思，移到富大众方面去。我说，聂先生的真意，只有两点：第一，保富不如不富；第二点，富群方能富已。

财富是没法子保守的。老子说：“金玉满堂，莫之能守。”又说：“多藏必厚亡。”这是理论，说的明明白白。至于事实，聂先生说得更清楚，最后结论是：“数十年所见富人，后代全已衰落；六十年来文武大官世家都已衰落，后人不兴。”因为私人财富是一种罪恶，聂先生说：“贪财不贪财，关系别人的利益幸福甚大，发财使能造罪，不贪财方能造福。”所以富家的必贫，等于罪犯之难法网。财富没有绝对的标准，替财富下定义很困难。不过财富至少含有两种意义：一、有；二、有余。可是因为你的有，就发生人家的无；因为你的有余就发生人家的不足。并且，因为少数的“有”，就有多数人的“无”；少数人的“有余”，就有多数人的“不足”。这是明明白白的事实，所以天道要损“有余”以补“不足”，使世界上无形中有一个制裁。唯有不富的人不受这个制裁。所以聂先生说：“唯有不肯发财的几个大官，子孙尚能读书上进。”林文忠公的禁烟，就是一个最好的例子，他不愿因为个人的发财，贻害全国的国民，死时家无积蓄，死后子孙代代书香不绝。可见保富不如不富。

但是人生下来就有欲望的，任何人都有欲望永久地吃饱着暖，住好房子，有好娱乐。怎么样能够达到这个目的呢？我说，很简单，只有大家能吃饱着暖的时候，你方才能够永久地吃饱着暖；只有大家能够住好房子，有好娱乐的时候，你方才能够永久地住好房子，有好娱乐。没有大我的利益是小我的永久利益，小我单独的利益是不能够永久的。《华严经》说：“若令众生欢喜者，则令一切如来欢喜。”聂先生说：“欲求得福，须多造福于人。”又说：“有官极大，发财的机会极多，而不肯发财，念念在救济众人的，子孙发达最昌盛，最长久。”范文正公不愿把苏州南园做私人的家园，而捐作苏州的学宫，使苏州子弟都能够念书，同时他的子弟也就永久能够念书。还就是儒家所说“独乐不如众乐”“百姓足，君孰与不足”的道理，在现在的各个环境下看来，更觉得亲切有味。可见得先要使大家发财，个人方才能够享受财富的乐趣，所以说“富众方能富己”。

第一辑 《保富法》

聪明的发财者，是以财养善，以钱护道，以金济贫，由助人之中发现自性的爱心与快乐。这种人能够以有形之钱，换取无形的功德，吾说这才是真正的“保富法”。

——清虚宫弘法院

上篇

俗话说：发财不难，保财最难。我住在上海五十余年，看见发财的人很多。发财以后，有不到五年、十年就败的，有二三十年即败的，有四五十年败完的。我记得与先父往来的多数有钱人，有的做官，有的从商，都是炫赫一时的，现在已经多数凋零，家事没落了。有的是因为子孙嫖赌不务正业，而挥霍一空；有的是连子孙都无影无踪了。大约算来，四五十年前的有钱人，现在家务没有全败的，子孙能读书、务正业、上进的，百家之中，实在是难得一两家了。

不单是上海这样，在我湖南的家乡，也是一样。清朝同治、光绪年间，中兴时代的富贵人，封爵的有六七家，做总督巡抚的有二三十家，做提镇大人的有五六十家，现在也已经多数萧条了。其中文官多人，财产比较不多的，后人较好。就我所熟悉的来说，像曾、左、彭、李这几家，钱最少的，后人比较多能读书，以学术服务社会：曾文正公的曾孙辈，在国内外大学毕业的有六七位，担任大学教授的有三位；左文襄公的几位曾孙，也以科学专门而闻名；

李勇毅公的孙子辈，有担任大学教授的，曾孙也多是大学毕业；彭刚直公的后人，十年前，有在上海做官的。大概当时的钱，来得正路，没有积蓄留钱给子孙的心，子孙就比较贤能有才干。其余文官比较钱多的十来家，现在的后人多数都是萧条了。武官数十家，当时都比文官富有，有十万、廿万银两的；（多数是战事平定以后，继续统兵，可以缺额，才能发财；至于拥有五六十万到百万银两财产的有三四家，如郭家、席家、杨家等，都是后来从陕西、甘肃、云南、贵州统领军务归来的人。金陵克复的时候，曾国藩因为湘军士气不振，所以全部遣散，剿捻匪的时候，改用淮军，所以湘军的老将，富有的非常少。）各家的后人，也是多数衰落了；能读书上进的，就很少听见了。

我家与中兴时代的各大世家，或湘或淮，多数都是世代相交的关系，所以各家的兴衰情形，都略有所知。至于安徽的文武各大家，以前富有丰厚的，远远胜过了湘军诸人，但是今日都已经调零，不堪回首了。前后不过几十年，传下来才到了第三代，已经都如浮云散尽了。然而当时不肯发财，不为子孙积钱的几家，他们的子孙反而却多优秀。最显明的，是曾文正公，他的地位最高，权力最重，在位二十年，死的时候只有两万两银子；除乡间的老屋外，在省中未曾建造一间房子，也未曾买过田地一亩。他亲手创立的两淮盐票，定价很便宜，而利息非常高；每张盐票的票价二百两，后来卖到二万两，每年的利息就有三四千两。当时家里只要有一张盐票，就称为富家了。曾文正公特别谕令曾氏一家人，不准承领；文正公多年，后人也没有一张盐票。若是当时化些字型大小、花名，领一两百张盐票，是极其容易的事情；而且是照章领票，表面上并不违法。然而借着政权、地位，取巧营私，小人认为是无碍，而君子却是不为啊！这件事，当时家母知道得很详细，外面人是很少有知道的。《中庸》上面说："君子之所不可及者，其唯人之所不见乎。"（这叫作表里如一，即是诚意、毋自欺。这是中国政治学的根本，如果无此根本，一切政治的路，都是行不通的。）文正公曾经对僚属宣誓："不取军中的一钱寄回家里。"而且是数十年如一日；与三国时代的诸葛公是同一风格。因此，当时的将领僚属，多数都很廉洁；而民间在无形当中，受益不小。所以躬行廉洁，就是暗中为民造福；如果自己要钱，那么将领官吏，人人都想发财，人民就会受害不小了。

请看一看近数十年来的政治，人民所遭遇的痛苦，便知为人长官的廉洁与不廉洁，真是影响非常大啊！所以，《大学》上说："仁者以财发身，不仁者以身发财。"《孟子》说："为富不仁矣，为仁不富矣。"因为贪财与不贪财，关系着别人的利益、幸福很大；所以发财便能造罪，不贪财方能造福。世人都以为积钱多买些田地房产，便能够使子孙有饭吃，所以拼命想发财。今天看看上述几十家的事实，积钱多的，反而使得子孙没饭吃，甚至连子孙都灭绝了；不肯取巧发财的，子孙反而能够有饭吃，而且有兴旺的气象。平常人又以为全不积些钱，恐怕子孙会立刻穷困；但是从历史的事实、社会的经验看来，若是真心利人，全不顾己，不留一钱的人，子孙一定会发达。现在我再举几个例子来说：

宋朝的范文正公（范仲淹），他做穷秀才的时候，心中就念念在救济众人。后来做了宰相，便把俸禄全部拿出来购置义田，赡养一族的贫寒。先买了苏州的南园作为自己的住宅，后来听见风水家说："此屋风水极好，后代会出公卿。"他想，这屋子既然会兴发显贵，不如当作学堂，使苏州人的子弟，在此中受教育，那么多数人都兴发显贵，就更好了。所以就立刻将房子捐出来，作为学宫。他念念在利益群众，不愿自己一家独得好处。结果，自己的四个儿子，做了宰相公卿侍郎，而且个个都是道德崇高。他的儿子们曾经请他在京城里购买花园宅第一所，以便退休养老时娱乐，他却说："京中各大官家中的园林甚多，而园主人自己又不能时常游园，那么谁还会不准我游呢！何必自己要有花园，才能享乐呢？"范先生的几位公子，平日在家，都是穿着布素衣服。范公出将入相几十年，所得的俸钱，也都做了布施救济之用；所以家用极为节俭，死的时候，连丧葬费都不够。照普通人的心理，以为这样，太不替子孙打算了，谁知道这才是替子孙打算最好的

阿那婆達多龍王

摩那斯龍王
優鉢羅龍王

法子。不单是四个儿子都做了公卿，而且能继承他父亲的意思，舍财救济众人。所以，范家的曾孙辈也极为发达，传到了数十代的子孙，直到现在，已经是八百年了，苏州的范坟一带，仍然有多数范氏的后人，并且还时常出优秀的分子。世人若是想替子孙打算，想留饭给子孙吃，就请按照范文正公的存心行事，才是最好的方法。

再说元朝的耶律文正公（耶律楚材）。他是元太祖（成吉思汗）及元世祖的军师，军事多数是由他来决策，他却是借此而救全了无数的人民。因为元太祖好杀，他善于说话，能够劝谏太祖不要屠杀。他身为宰相，却是布衣蔬食，自己生活非常的刻苦。他是个大佛学家，利欲心极为淡泊。在攻破燕京的时候，诸位将领都到府库里收取财宝，而他却只吩咐将库存的大黄数十担，送到他的营中。不久，就发生了瘟疫，他用大黄治疗疫病，获得了很大的效果。他也是毫无积蓄，但是他的子孙，数代做宰相的，却有十三人之多。这也是一个不肯积钱，而子孙反而大发达的证据。

再说清朝的林文忠公（林则徐）。他是反对英国，以至于引起了鸦片战争的伟人。他如果要发财，当时发个几百万，是很容易的。他认为鸦片贻害人民非常的严重，所以不怕用激烈的手段，烧毁了鸦片两万箱。后来，英国人攻广东，一年攻不进，以后攻陷了宁波、镇江。清朝不得已，就将林文忠公革职充军，向英国人谢罪谈和。林公死了以后，也是毫无积蓄，但是他的子孙数代都是书香不断，孙曾辈中尚有进士、举人，至今日仍然存在，数年前故世的最高法院院长林翔，也是其中的一人，而且道德亦非常的崇高。这又是一个不肯发财，而子孙反而大发达的证据。

再看林公同一个时候发大财的人，我可以举几个例子：就是广东的伍氏及潘氏、孔氏，都是鸦片里发大财至数百千万银两的。书画家大都知道，凡是海内有名的古字画碑帖，多数都盖有伍氏、潘氏、孔氏的图章，也就是表明了此物曾经在三家收藏过，可见得他们的豪富。但是几十年后，这些珍贵的物品，又已经流到别家了。他们的楠木房屋，早已被拆了，到别家做妆饰、木器了。他们的后人，一个闻达的也没有。这三家的主人，总算是精明能干，才会发这样的大财。当时的林文忠公，有财却不肯发，反而弄到自己被革职办罪，总算太笨了吧！然而至数十年以后，看看他们的子孙，就知道林文忠公是世间最有智慧的人，伍氏、潘氏、孔氏，却是最愚笨的人了。

上海的大阔老很多，我所认识的，也可以举几个例子。一个是江西的周翁，五十年前，我在扬州鄙岳萧家，就认识这位大富翁（当时的这两家同是盐商领袖）。有一天，周翁到萧家，怒气勃勃的，原来是因为接到湘潭分号经理的来信，说是湖南发生了灾荒，官府向他们劝募捐款，他就代老板周翁认捐了银子五百两，而周翁嫌他擅作主张，捐得太多，所以才发怒。那时他已有数百万银两的财富，出个五百两救济，还不舍得。后来住在上海，

有一天，谭组安（谭延闿）先生与他同席，问他：如何发到如此的大富？他说，没有别的法子，只是积而不用。他活到八十多岁才死，遗产有三千万元；子孙十房分了家，不过十几年，就已经空了。其中有一房子孙，略能做些好事，这一房就比较好，但也是遭遇种种的意外衰耗，所余的钱也不多了。若是以常理来说，无论如何，每房子孙都有三百万，不会一齐败得如此之快。然而事实上，确是如此。若是问他如何败法，读者可尝试着闭目一想上海阔少爷用钱的道路，便能够明白，不用多说了。这位老翁，也是正当营业，并未取非分之财；不过心里悭贪，眼见饥荒，而不肯出钱救济；以为积钱不用，是聪明。却不知道此种心念，完全与仁慈平等的善法相违反。我若是存了一家独富之心，而不顾及他家的死活，就是不仁慈、不平等到了极处。除了本人自己受到业报外，还要受到余报的支配，也就是《易经》所谓的余庆、余殃的支配，使独富的家败得格外的快，使大众亲眼见到果报的昭彰，能够醒悟。（而本人所受的果报，若不是现世报，则旁人是不能见到的。）

再说一家，是上海十几年前的地皮大王陈某，家中的财产有四千万银元，兄弟两房，各分两千万。一九二五年，我到他家吃过一次饭。他住的房屋十分的华贵，门前有一对石狮子，是上海所少见的。他的客房，四面的墙壁全部都装了玻璃架，陈列的铜鼎都是三千年的古物。有一位客人，指着告诉我说：“这一间房子里的铜器，要值银元一百五十万。中国的有名古铜器，有一半在此。”这几句话，正是主人最高兴听的。原来一般富人的心理，就是要夸耀我有的东西，都胜过一切的人。而唯有道德名誉是钱办不到的，这些富人无可奈何，只好在衣服、珍宝、房屋、器具上争豪斗胜，博得一般希望得到好处的客人来恭维奉承。（骄奢两字是相连的，骄就是摆架子，奢就是阔阔。上海常看见的是大出丧，一日之间，花费一二十万的银元，以为是荣耀。但是若要请他们出几千元帮助赈灾，就不大容易了。这是普通人多有的卑劣自私的心理，并非是单说某一家。这一位主人，当然也未能免俗。）在我见过他之后，不过才七年的时间，上海地价忽然惨落，加以投机的损失，以至于破产。陈家的古铜珍宝，房屋地产，一切的一切，都被银行没收变卖，主人也搬到内地家乡去了。

再说一个实例，就是上海“哈同花园”的主人。近日报纸上常有讥讽的评论，说他们生平对于慈善事业不肯多多帮助，并说他有遗产八万万银元。试一设想，财产八万万的收入，就照二厘的利息来计算，每年也应该有一千六百万，如果他们肯将这尾数的六百万元，用作救济贫民之用，那么全上海的难民，就可以得救了。在三年前，上海的难民所中，有十万人每人的粮食以每个月两元计算，全年不过才两百余万元。到去年米贵的时候，难民所中的难民才不过一万几千人，每人的月费三十元，一年共五六百万元，也还不过是他们收入年息的三分之一罢了。再说上海死在马路上的穷人，去年将近有两万多人，前年不过一万多人，再前年不过是几千人；就单说去年米贵，死人最多的时候，如果办几个庇寒所和施粥厂，养活这两三万人，也不过一年花个五六百万元就够了。这在他们来说，不过是九牛的一毛，然而这一毛，却是舍不得拔。如果能花几百万元，就能救几万个穷民。他自己家用，若是没有特别的挥霍，就是无论如何的阔绰，还是可以将一年所余的利息若干万来用作储蓄的。这样一来，一方面得到了美名誉，一方面做了救人的大功德，再一方面又仍然每年增加了若干万的积蓄。这样的算盘，实在是通极了。然而他们却没有这样智慧的眼光，一心只想这一千六百万元，一滴不漏，全部都收到自己的银行账上，归为己有，任意挥霍。竟然没有想到这肉身是会死的，自己既无子女，结果财产全归了他人。几万万的财产，一旦变为空花，只是徒然地带了一身的罪业往见阎王，而且又遗下了一片不美的口碑，留在这个社会。

他们也挂信佛的招牌，但是全不知道《药师经》上开宗明义，就详细地说明了悭贪不舍的罪过。经上说："有诸众生，不识善恶，惟怀贪吝，不知布施及施果报；愚痴无智，缺于信根，多聚财宝，勤加守护。见乞者来，其心不喜；设不得已而行施时，如割身肉，心生痛惜。如此之人，由

浣女归去晚 笑插一枝云鬓斜
沈君友句 昌硕录 时甲辰夏

此命终，生饿鬼界，或畜生道。”因为大富之人，钱财有余，自己也没有用处，明知道多数人将会饿死，却不肯施财救济。若是从道德上责备起来，这简直是间接的杀人。积钱最多，力量最大，而不肯布施的，他所负的杀人罪就更重了。譬如见到一个极小的孩子，站在井边，快要落井了。有一个人在旁站着，全不开口，也不拉开这个小孩，而让他落井死了。我们一定会说，这个孩子算是被他杀死了一样。而富人见灾不救，正是一样。何况是大富如此，连利息的一小部分都不肯舍，那么马路上死的几千几万的饥民，岂不是要算他杀死的一样吗？杀死几千几万人的罪过，难道是用骄慢心，以信佛作为幌子，勉强花点挥霍不尽的小钱，做点专卖面子的善事，就以为自己已经是做了功德，便可以免除一切的罪过吗？我想恐怕天地鬼神，决不会如此含糊地宽恕他。所以我说这一段事实，就是希望大家能够分别真伪，打破心里的悭贪，切不可蹈积财不施的覆辙！

俄国的大文豪托尔斯泰曾说过：“现在社会的人，左手进了一百万元，右手布施了一二元，就称为是大慈善家。”由此可知这种行为，是世界的通病。但普通人，还情有可恕，至于信佛的人，应当勉力改之。总要大家发起真慈悲心，救济一切苦难同胞，以念佛修慧为正行，以力行种种善事。救人修福为助行，庶与佛法福慧双修，正助分明，不偏不枯才好。我略将上文结束，条例如下：

一、数十年来所见富人，后代全已衰落；

二、六十年（此文写于 1942 ~ 1943 年间）来文武大官世家，都已衰落，后人不兴。

三、唯有不肯发财的几个大官，子孙尚能读书上进。

四、官极大，发财的机会极多，而不肯发财，念念在救济众人的，子孙发达最昌盛，最长久，一一都有历史事实为证。

五、上文举几个实例，有的三千万，四千万，及几万万的几家，忽然一旦全空。这几家都是不肯做救济善举的。

六、大富者，只顾自己阔绰享用，积钱留与子孙后代，见有饥荒，却不肯出大宗的钱救济灾难，无异犯杀人之罪，是要受道德上的谴责、业报的支配的。

七、佛法的天理，就在人人心中。人人感谢的人，天就欢喜；人人所怨怒的事，天就发怒。古语说“千夫所指，无疾而终”，《尚书》云“天视自我民视，天听自我民听”，《华严经》云“若令众生生欢喜者，则令一切如来欢喜”。所以欲求得福，须多造福于人，否则，佛天亦无可奈何。

八、富人求神拜佛烧香念经，若不起大慈悲心舍财济众，仍是佛法不相应。

总而言之，保富的方法，必须要有智慧的眼光，也就是要有辽远的见识与宏大的心量。以上所说范文正公等几位，就是属于此类。而其余不善于保富的人，普天之下滔滔皆是啊！他们不能使子孙长保富厚，只因为是自己的智慧不够：能见到一点，却遗漏了万端；只看见表面，而看不到内涵。简单点说，他们看历本，只看见初一，还不知道明天有初二，更不会晓得年底有除夕。但是像这等愚痴的人，虽然很多，而社会有慧根的人也不少，一经人点拔，即可觉悟，智慧的眼光忽然就会开朗了。

再讲到如何是智慧的做法，请细细玩味老子《道德经》上的两句话:“既以为人，己愈有；既已与人，己愈多。”本篇文所叙述的范文正诸公的几个例子，就是这两句话的注脚。须知老

子是世界最高哲学中的一个。(《道德经》与道士的道教全无干涉，不可误认老子即是道教。)他的政治、经济、军事学也都极为高明，他的人生哲学是不能为时代所摇动的。老子学说的精义，有一句是："反者，道之动。"大意是要反转过来，就是幡然觉悟的动机。他的整部书多半是说明这个道理。再引两句如下："知其雄，守其雌，为天下溪。知其白，守其黑，为天下式。"雄者，譬如是有钱有势，可以骄傲，乃人人所贪图的；唯有智慧的人，反过来，却是要避免这样炫赫的气焰，极力地向平淡卑下的方面做去，免招他人的嫉恨。"为天下溪"这句话是众人反而归服他的意思。"白"者的意思，譬如做大官，享大名，体面荣华，别人羡慕，这也是人人所求之不得的。但是有智慧的人，反过来，却要避免体面荣华，极力地韬光养晦退让谦虚，《中庸》说："衣锦尚䌹，恶其文之著也。"譬如穿着锦绣的衣服，却要加上罩衫，不愿意使锦衣露到外面。这是表明了君子实修善义，不务虚名，以避免产生负面的影响，此种人更为社会所敬重。这些见解，都是与世俗之见相反的。换句话说，违背了情感欲望，以求合乎理智，这种话，多数人是不入耳的，或者以为这是讲天文学，不能懂。然而社会上也有不少具有慧眼的人，当然是会赞许的。

中篇

天道是什么呢？《易经》上说："一阴一阳之谓道。"这个阴阳，不是虚玄的，一一都有事实可以作为依据。譬如，有日必有夜，有寒必有暑，有春夏就有秋冬，有潮涨就有潮落。由这些自然界的现象来观察，一一都是一盈一虚，一消一长。从这个道理推及到人事，也是如此。例如说人事的一盛一衰，一苦一乐，一忧一喜，一治一乱等等。但是天时的阴阳，有一定的标准，是万古不变的；而人事的盛衰，则是随着人心的动向，变化无常。这种无常的变化，乃是依着天道一阴一阳有一定的标准，牵发而来的。我们试说如下。

比如说一个人若是喜欢骄傲，就一定会有忽然倒架子的时候到来；一个人若是喜欢懒惰安逸，就一定会有极困苦的日子到来；一个人若是喜欢悭吝贪钱，就一定会有嫖赌浪费之子孙替他破败；一个人若是喜欢机巧计算，就一定会有糊涂愚笨的子孙被人欺骗。这些变幻的人事，有智慧的人，自然会留心看得出来，晓得与日月起落、寒暑往来的道理是一样的。天道是个太极图，半边是黑的，半边是白的，中间有一个界限；过了这个界限，阴阳失去了平均，就要起变化了。这叫作阳极则阴生，阴极则阳生；换句话说，就是盛极必衰，消极必长。

古今以来的伟大圣哲，都能够洞悉明白这个道理，所以教人常须自己立在吃亏的地位，就是要谦卑退让，舍财不贪，克己利人。凡俗之中，没有见识的人，是一定不肯做这种吃亏事的。在新学家而言，还要讥笑地说，这是消极的道德。要知道一切伟大积极的事业，都是从这种消极的道德人做出来的：因为唯有消极地克己，才能够积极地利人；唯有舍财不贪，才能兴办公众的利益；唯有谦卑退让，才能格外地令人尊敬钦佩，做事也格外的顺利，容易成功。开始似乎是吃亏，后来仍然是会得到大便宜的。

浅见无知的人，只能看见一切事物的表面，不能看见事物的对面。譬如像下棋一样，只看得一着，看不到第二着、第三着。不知道世间事都是下棋，我若是动一着，对方就要应我一着，而且马上就有第二三着跟着来。佛法明确说明了这一因一果、感应的道理。我把下棋拿来做比喻：我们说一句话、做一件事，都是对人动了一着棋；我们出言做事的时候，心中打定的主意，就是对天公动了一着棋；一切人、一切物，都是我们下棋的对手。

我们对一只狗表示好意，狗就会对我们摇摇尾巴表示亲热；若是恶声对它，它就会拖下尾巴走开。对人则更不用说了！我若

是对待别人谦和宽厚，别人就会感谢；若是待人骄傲刻薄，别人就会怀恨在心；这还是小的对手。若是我们欺凌了没有能力的人物，或是存心害人，或是用巧妙的手段占人家的便宜，他们受了损害还不觉得。或是藉着特别的地位，例如做官、做公司的经理等职务，暗中谋取私人的利益；或是自己富厚，而对于灾难不肯救济，自己家里却是享用舒服。这些事，众人固然是无可奈何，法律也办不到他，他算是棋赢了，他对方的棋都输了。可是天道却是不许他赢，会替众人做他的大对手，老天只要轻轻地动一着，就叫他满盘棋子都呆了，到底使得他一败涂地。这叫作“人有千算，天只一算。”我们天天都是在对人下棋，实际上是在对天下棋；若是对人赢得愈大，就会对天输得更厉害。反过来讲，若是对人肯让松些，还处处帮旁的人一着，使旁人免得输，而我自己的棋也是不会大输的，反而要对天赢了一盘很大的棋呢！

上面所说的范文正公，是个最显明的例子。他本来很穷，做了将相几十年，到死的时候，仍然没有私人的田产园宅。若是从俗人的眼光看起来，他算是白忙了一世。然而他对天却是赢了一盘大棋，他的子子孙孙，多是贵盛贤才啊！其余的像耶律文正公、林文忠公、曾文正公几位，都是肯输棋的，到后来都赢了天公一盘大棋。而那些会赢棋的许多人，发了几十万、几百万、几千万、几万万财的，却是后来被天动了一着，就都输完了。古人说：

“人定胜天，天定亦胜人。”天定就是一定的天理。阴阳的定律，是要均衡的，人们做的事情过了分，就是失了平均。由于我们的心，先违反了阴阳定律的中和，所以起了反应，受到阴阳定律制裁，使回归到均衡的状态。天公下棋，是不动心，也不动手的，而人们就自然输了。譬如对墙壁抛皮球，球自然会回抛过来，抛的力量越大，球回的力量也更大，而墙壁本身，亦并未动手费力。所以《书经》上说：“天作孽，犹可违；自作孽，不可逭。”《孟子》说：“出乎尔者，反乎尔者也。”意思就是自作业，自受报。这跟佛经所说的“自造因，自结果”正是一样的道理。

而所谓的人定胜天，也不是真正的胜了天，这是说人照天的定理，存心做事，究竟会得到后来的胜利。本来穷困的，后来亨通了；本来忧患的，后来得到安乐。这样的胜利，便是天理的胜利。我虽然说善人对天赢了棋，实际上是天赢了。须知天道是永不会输的。天道一阴一阳的平均，就是中道，又称中和。《中庸》上说：“致中和，天地位焉，万物育焉。”世间的人事若是失去了平和，就会引起天道的变化。就像战争及饥荒等等的大劫数，都是由于人事的不公平、人心的不中和而引起的。人与人之间的斗争，国与国之间的斗争，无论暂时的胜负如何，结局仍然是两败俱伤；就是暂时胜利的，也将终归于失败。请翻一翻世界各国的历史，就知道赢棋的，到底也都是输了。这就可以知道天理终究是公平的。人心的不平不和，究竟是会被天理裁制的。

世间的人类，男人与女人的数目，永远是平均的。有姓张的一母生十男，也有姓李的一母生十女，所以合起全世界的计数，男女的数目不会相差太大的。这就证明了天道的公平，与阴阳的中和，其中有不可思议、自然调整的能力。若是我们想要仗恃着我们的本领，来违反天理中和的能力，最后毕竟是要自己吃苦头的。如果若是天理阴阳没有裁制调整的力量，那么男女数目，也不会永远的平均；世间一切的事情，都会永久失去了公平，而强的、巧的则永远富贵，善人也永远不会抬头了。

欧美人用短浅的眼光来观察天理，以为世间只有强的、巧的会得到胜利，安分懦弱的应该被人制服，所以名为“优胜劣败”。这种学说，引起了世人的骄满作

恶：骄就是有所恃而无恐，我有势力，不怕你，摆架子，显威风；满就是有势要用尽，有福要享足，专顾自己的私利，不替他人设想，只管目前快意，不为日后顾虑。德国、日本等国家的野心侵略，就是被此等学说所误啊！

天道是非常简单的一件事：就是过分的，要受到制裁；吃亏的，要受到补益。中国的圣哲，儒家、佛家、老庄的垂训，都是反复地叮咛、说明这个道理。《易经》上说："天道亏盈而益谦，地道变盈而流谦，鬼神害盈而福谦，人道恶盈而好谦。"《尚书》说："满招损，谦受益，时乃天道。"又说："惟天福善祸淫。"（这个淫字，不是单指性欲，而是指一切事情的放纵与过分，可以说就是骄满。又再具体地说，就是骄奢淫逸，贪狠暴横。）淫字的对面就是善。善字的意义甚为广泛，若是要确切地说明，众善都含有谦德的意义，都是以谦德为基本。《易经》是说明天道的书，乾坤两卦是总说天道的大意。乾卦说"能利天下，而不言所利"，这就是谦德的意义。坤卦说："阴虽有美，含之；以从王事，弗敢，成也。"这句的解说，是才华不露，功名不居；就是不务名，不夸功，也是谦德的意义。《金刚经》说："度尽众生，自觉未度。"又说："布施济众，不觉有施。"这是世界最高的道德，也包含了谦德在内。

再说，孝悌忠信礼义廉耻，都是义务心重，权利心轻。而义务心，是自己觉得我对他还有义务应尽，这就是谦。世间作恶的人，不过是权利心重，没有义务心。古语所说重利轻义，正是谦德的反面。

所以，一切道德都在谦德里面：由谦发动，对父母兄弟，就是孝悌；对社会人群，就是忠信礼义廉耻。凡人对于谦德善行，都是恭敬欢喜；而对于骄满恶行，都是怨怒隐恨。那么天道的降福降祸，说是天道，实是人情；说是天降，实由自作啊！上面的文已说过，天道就是人事的表现。《尚书》说："天视自我民视，天听自我民听。"《华严经》说："若令众生生欢喜者，则令一切如来欢喜。"所以，我们为善加福于人，我们自然还得其福；我们为恶加害于人，我们自然还得其祸。从此可知，我们对面的一切人、一切物，就是天，随处都是有天理存在其中的。除此以外，更没有别的天理可以表现。

那么我们对他们做事、说话，起念头、表示脸色，都要格外小心注意。虽然他们或是愚笨，或是怯懦，或是老弱、孤儿、寡妇，无人帮助；我们若是欺凌了他们，我们在不久的将来，我自己或我的子孙，也会同样的愚懦孤寡，被人欺凌。反过来说，若是我们对于这些无力可怜的人，心存慈悯，并且设法帮助他们，后来我也会得别人的帮助，而我的子孙则永远不会愚懦孤寡，被人欺凌了。这种天理循环的感应果报，有智慧眼光的人，自然能在社会上，一家一家的人事上来观察，更可以在历史上一个一个善恶的人的结果来证明。这也是社会科学中最重要的一件事啊！

一九四二年六月云台卧病书

下篇

去年（一九四二年）春天，我曾经写了《保富法》上、中两篇文章，送请《罗汉菜月刊》刊出；后来因为患病卧床，未能继续撰写下篇。今年春天，经荣柏云、黄警顽两位先生将该文再送登《申报》，颇受读者们赞许，并有许多人出钱印单行本。但是因为没有见到下篇，而感到遗憾。

我写下篇的计划，原本想专门收集些古人行善积德，能使子孙富贵显赫的事迹，作为印证。近来因为编写《先母崇德老夫人纪念册》，恭敬谨慎地叙述了数代祖先的嘉言懿行，并且特别撰写了《七世祖乐山公行医济世善行的果报》这篇文章。七世祖乐山公舍已利人，两百年来，我家多代子孙，都受到他的福德庇佑。

这虽然只是一家人的私事，但是乐山公的善行事迹，曾经刊载于《府县志》这本书中，而且又为当时的社会贤达，所推崇重视；祖先数代的积善事迹，也有历史资料可以考证，堪称足以取信于社会大众。所以将它作为《保富法》的下篇，我想应该会得到读者们的认同。

我时常自我检讨：听闻圣贤的道理，既然已是很晚；知道自己的过错，又已经是太迟；回想生平所作所为，所犯的罪恶过失，不胜枚举，真是愧对祖宗父母、天地鬼神啊！而现在自己则已是衰老迟暮，疾病缠身；更是觉得缺乏补过的勇气和力量，深恐祖先的德泽，自我而坠，从此默默无闻。所以恭谨地撰述祖先的德行，用来告诉后人，使大家能获得一些警惕、启示和策砺，以略补我的过失。

开始的时候，并不敢将此文刊出问世，实在是因为好友们一再的督促与要求，务必要完成《保富法》这篇文章的全文，这才敢将此文拿出刊行，并盼望能对读者们有所交待。

一九四三年四月

聂云台卧病书

七世祖乐山公行医济世善行的果报

（一）乐山公善举

我家祖籍是江西，从九世祖起龙公才开始迁居湖南衡山。七世祖乐山公出生于清朝康熙十一年，也就是一六七二年。他的学问积得很深，文章做得很好，但却未参加考试，而是跟从祖父学医，并开了一家小药店。因为他的医术精良而且又乐善好施，所以医名大著。后来因为药店被偷，因此关店歇业，还抵押了住的房子还债，暂时迁居乡下。当时的地方官绅，因为乐山公行医救人，遭此不幸，于是就凑了钱协助他赎回原来居住的房子，另外再租一间房屋开药店。康熙四十二年，也就是一七零三年，衡山发生了大瘟疫，求医的人昼夜不断，因而救活了很多人，而乐山公对于穷人和受刑犯救济尤其的多。当时的县长葛公，以乐山公的盛德及博学多闻，特别聘请他到县府里担任幕僚。并且向乐山公说："你存心救人，我没法报答，就教你的儿子读书成名，作为对你济世救人的回馈吧！"乐山公接受了葛县长的建议，就送儿子先焘进入了雯峰与集贤两书院读书。后来先焘不久即考中了举人，

南無踰城世尊佛
南無郎婆靈佛

又考中进士。乐山公当时已六十七岁，送儿子进京参加会试。经过一个名叫滠口的地方（就是现在湖北省武汉市黄陂区西南四十里处），正好碰到严冬的时候发生了瘟疫，经乐山公医治的病患，都能立即病愈。乐山公七十四岁的时候，又带领儿子进京等候任用。经由运河北上，当时的运粮船工有许多人得了传染病，经乐山公医治都能立刻痊愈。此事遍传于各粮船间，许多粮船的病患，纷纷于船旁呼叫，并用绳子将乐山公乘的船系住，使船无法前行。乐山公不忍见死不救，就嘱咐儿子先焘，改从陆路雇乘骡轿赶赴京城，自己留下继续治病救人。经过了几个月，等到传染病停止了，他才到达京城。（人若是能够放下自己重要的事情去救人，实在是最难能可贵的了。）此时正好先焘已奉派担任陕西省镇安县的县长，乐山公于是陪同儿子上任。到达镇安县以后，指示山地民众，就地采药，以增加收入。次年，返回湖南衡山老家后，即寄信给儿子，教他爱民治世的方法和道理。信中情词恳切，被儿子的上司陕西巡抚陈文恭见到，大加称赞，即将这封信印发送给全省的官府参考，以资策勉。这封信以后被刊入《皇朝经世文编》这本书中，为世人所传诵。

乐山公在衡山的时候，常到监狱里为犯人义诊。儿子富贵显赫的时候，乐山公已经八十多岁了，仍然常到监狱探视病患义诊。县官见他年老，派人向乐山公辞谢，他回答说："救人是我最快乐的事情。"乐山公八十四岁的时候，儿子先焘因为继母逝世辞官回家，而又因为父亲年事已高，就决定不再复出做官。在某一天的深夜里，大雪纷飞，有一个病患的家属敲门求医外出赴诊。先焘就起身开门，并对来人说："我父亲年老，深夜不方便惊动，您可否明天早晨再来？"不料这时候乐山公已经听到声音披衣起床，就叫先焘入内室，并且对他说："这应该是生产急诊，怎么可以延迟医治呢？"于是就穿上木屐随同来人前往赴诊。这种舍己救人的情操如此的真切，着实令人钦佩。所以老天有眼，明察秋毫，报施给乐山公的果报也特别的丰厚。因此乐山公九十三岁的时候，孙子肇奎获得乾隆壬子年乡试的第二名。曾孙有七人，镐敏、铁敏两人都是翰林，并膺任主考学政的官职；鑢敏、钰敏两人都是举人，做过县官。镜敏在拔贡考试通过后，派在军机处任职，而镇敏担任京官，鑁敏则选上孝廉方正。当时人们尊称他们为"衡山七子"。

先高祖母康太夫人七十寿辰的时候，当时的名士阮文达曾送有一副贺联称："南岳钟宁，南陔衍庆；七旬介寿，七子成名。"贺联的词意贴切，实在是人间佳话啊！

我的祖父亦峰公，是乐山公的玄孙，考中咸丰癸丑年的翰林后，历任广东石城新会的知县，高州府的知府及奏奖道员。而且居官廉洁，尽心民事，造福地方；对于当时所发生的械斗巨案，宽厚地处理，保全了很多生命，积德甚厚。民间还特别建立了生祠来纪念他，可见其受人尊敬的程度。

（二）福泽后裔

我私下常想孟子所说的“君子之泽，五世而斩”这句话的含义。乐山公的子、孙、曾、玄四代都发了科第做官，到了第五代的亦峰公，也仍然能够积极地行善积德，发扬祖先的遗德；而到了我的父亲中丞公，则更为的贵显。本人则忝为第七代，仍然承受着乐山公的余荫遗泽。所以说乐山公的厚德，泽被子孙，实在是已经超过孟子所说的五代了。探讨其原因，乐山公的医术高明能救活病人，已经是不容易了。而医术精又能够轻财仗义，诚心济人，则更是难上加难了。我们所见到各地的许多名医，靠行医而积了不少财，甚至千万、亿万财富的，也大有人在。但是财富能够传到第三代的却是很少，就算偶然有例外，也必然是医术精而且又好行善布施的医生。我真希望能够多遇到几位像这样行善救人的医师应世，才是社会之福啊！近来生活较艰苦，医药又昂贵，贫病的人多无力就医服药。这正是医药界发心行善的最好时机了！所以特别在此敬述乐山公行医济人的旧事，希望能提供给医药界的大德们，作为行医济人的参考。

现在我还要再做一些分析与补充。乐山公的医术高明，活人甚多，但是药店被窃，便得要抵押房屋还债，因此可知他的经济

舍利寶塔

情况的确不佳。到了八十多岁的时候，儿子做县长返乡归来，在大雪夜中，仍是穿着木屐步行外出赴诊，我们就可知道，乐山公到了老年仍然是那么清贫啊！（我们今天仍能见到像他这种大善人吗？）四书《大学》上说："仁者以财发身，不仁者以身发财。"医师、药店都是发财的行业，但是若对贫困的病患义诊、赠药，则不会发财了。然而乐山公虽然不能够发财，而却竟能够发身。当时获得社会大众的一致推崇，可说是德誉盛于当时，名声传于后世了，实在是不容易啊！（乐山公善心的事迹，刊载于陕西的《镇安县志》和《湖南衡州府志》及《衡山县志》等文献中。）子孙连续五六代都发了科第，而且贵盛，正符合了"以财发身"这句话了。而乐山公和他的儿子都很清贫，孙子肇奎，也就是我的太高祖，虽然做教官，掌理书院，门生很多，然而也是很清贫。不仅如此，曾听到先辈们说，伯曾祖点中翰林的时候，捷报由京城传到家中，高祖母康太夫人手里正抱着第七个儿子喂奶，就立刻亲自下厨房、做饭款待报捷的人，由此可知家中清寒的程度了！我的曾祖父曾担任京官，死后没有任何的遗产，因此我祖父亦峰公，从小就孤苦而贫穷，在山斋里读书的时候，必须自己煮饭吃。四十二岁的时候，才进入了翰林院。以后曾在广东省担任县长的职务十多年，为官廉洁自持；又常常捐出所得，在地方上提倡各种的善事。例如：建育婴堂、种牛痘、修路、造桥、购义地、埋露棺等。因此死后留下的存款不多，所以先父早年的时候，就必须仰赖外出工作的薪资来供给家用。

我的母亲为曾文正公（曾文正公就是清朝的中兴名臣曾国藩先生）的幺女。文正公的家规规定，凡是嫁女儿娶媳妇，花费限用在二百金以内。先母出嫁，是在文正公夫妇逝世后的数年，有奁金三千，也移拨出来，供作家用及代赔垫祖母被某钱号倒掉的款子，以至于个人的积蓄都空了。离开湖南老家，要往东行时，祖母只能给路费银钱六百两，此外则是一无所有了。我母亲中年时，每次谈到当时艰苦的情况，常常是泪随声下：自己身为王侯将相之女，嫁给了数代都是仕宦的大家庭，生活尚且如此的艰难困窘。如果不是亲身经历，实在是难以令人相信啊！

我之所以不厌其烦琐屑地叙述，目的就是要证明“仁者以财发身”，而不是“以身发财”的大道理，实在是有其深远的含义呀！这里我们所应该注意的重点是：虽然是数代的清贫，而却换得了后代子孙的发达啊！与那些多留财产贻害子孙，助长子孙的骄奢淫逸，使得子孙陷于堕落的，两者相互比较，实在是有天壤之别呀！曾文正公曾给自己所居住的房子一个称呼叫作“求阙斋”，并且还写了篇文章记述。他的用意即是在持满戒溢，要居安思危啊！因为这个世间，并无十全十美的事物，“丰于此者，必缺于彼”。所以若想得到精神上圆满，最好先在物质上要常有些欠缺。所谓精神上圆满的意思，是指父母都健在，家庭和睦，子孙贤达有智慧，并享有天伦之乐、道义之乐等。物质者，是指衣服饮食、车马宫室，乃至官阶财富，一切的享用等。曾文正公常用这个道理来教家人，说家计不宜宽裕。这个与常人的见解恰恰是相反的。文正公又常说，古人有“花未全开月未圆”的话，这乃是智者的境界。因为花全开了，则表示快将凋谢了；月已圆时，转瞬间，即要缺了呀！所谓“盛极必衰，乐极生悲”，这岂是古人喜欢说这些众人听起来不悦耳的话，实在是这些话都是真理啊！而且自古到今，从社会现象中去观察，这句话没有错啊！而且是历历不爽啊！

俗话也说“世无三代富”，又说“天下无不散的筵席”。有智慧的人，就深深地体会到这个道理，所以处世的时候，就会先考虑到：凡事不要求太过圆满，也不要使得太盛，过了头；对于财物聚散，也有周全良好的计划；而对于自己的生活，遵守着持盈保泰的因果法则；个人的享受不可丰厚，而且时时都要想到街头上那些流离失所三餐不继的穷人啊！常想到各处的善堂，掩埋露天的尸体，为数是那么的多啊！我应当节省自己的享受，去救死恤孤才对啊！因为一念仁慈的心，即能使天地间产生了一种祥和之气；如果付诸行动，则这种祥和之气。就会常常环集在我的四周，而且能使家庭子孙都受到福荫。这些道理，只要用心研究古今以来的事实，就可了解此话不虚了！

反过来说，如果只知道贪图自己个人的享乐，而不顾别人的生死苦痛，使用诈术权谋来巧取豪夺，百计钻营。这种人积的钱可以很多，权势也可能很大，谄媚他、恭维他的人也多得不得了。

一时看起来，似乎是非常的显赫。然而天道的盈虚消长，有它一定不变的道理呀！三五十年的时间，转眼就过去了，时间不断地向前推移，景物也不断地变化迁移！原本是陋巷寒微，忽然地崛起，成了暴发户；然而好景不常，豪华的门地，却在瞥尔短暂的瞬间，凋零没落了！因为这世间并没有一个坚固不坏的东西，也没有一个能永久可靠的事业。凡是用巧取豪夺的方法所得到的财富地位，一定是更为快速地悖出败落啊！唯有孝悌忠厚的家庭，修德积善的后代，才能够确实地保有家业，并且是可大可久啊！这些事证历史上的记载很多，而且环顾我们周遭所发生的人事，到处都是呀！所以只要头脑冷静有智慧的人，自然就看得出来了。

节录云台居士卧病随笔

财富之来，不觉之而来；财富之去，也不觉之而去。虽然是用尽了计谋，也实在是白费心机呀！这个道理，其中的因果相当的复杂，也不容易了解。倘若谁能透切地了解，他必定是具有大智慧的人了。

一切的善事，重点在于发心，而金额的多少，还在其次。若是发心真切而力量不及，虽然钱少而功德却是极大；若是缺乏真实的慈悯心，钱虽多而功德却是很小。子女的智慧愚蠢贤良或是不肖，教育的影响也实在是有限的！儿女体格的强弱、寿命的短长，就是医药卫生，也不是决定性的因素啊！必须要自己多培养慈悲心，常以利人济物为做人处世的目标。如此则子孙可享幸福，可保十分的圆满。希望读者能理解并接受这项理论与观念，为子女多培福啊！

子孙的学问事业，也全是受到父母积德修福的影响。若祖上是刻薄成家，则子孙学业即使是侥幸有成，终究也不会发达长远的。

希望自己的子孙发达，这是人人同此心理；然而结果却是多数适得其反；为什么呢？因为都是不明白“积善之家，必有余庆；

积不善之家，必有余殃”的道理啊！

想要知道培养慈悲心的方法，则首先要明了因果报应的道理，而《德育古鉴》这本书必须常置在案头，经常翻阅，可保善心，而免淡忘。

（按：《了凡四训》也是一本非常值得世人借鉴阅读的书籍。）

《保富法》的应用

杨郁生

何谓富？富为丰厚有余之谓。昔严复译述《原富》书，系引演西哲经济学理而非指一身一家之富。国学者对于富的解释，亦不一致。常人只指有形之富，不知“富有才学”“富有同情”更为重要。财富的观念由个人心理和社会的心理造成。不论伦理、宗教的，经济的，美术的，一切因需求和供给的变动，每每决定其价值，在社会平衡的估计上获得数量。金银钱钞，不过为计算上之筹码而已。贫富乃比较上的名称，在富有之邦，衣食足亦不得为富，如吾国频年战祸，民不聊生，正是国父（孙中山）所谓“只有大贫小贫”，即号为富者亦未必真富也。

何者为富之标准？人人有利己之心，富贵观念，牢不可破。以为不做官，不投机，无以致富；不富无以为荣，不荣无以生势：此庸俗之概见。试问何者为富之标准？当此生活奇艰，富之标准亦最难定：

一、以钱钞为标准乎？钱钞为通货，其价值常在变动之中。

二、以货物为标准乎？值此物资缺少，囤积居奇，故可致富，谩藏诲盗，古人所戒。即使隐藏而保持其富有，不知勤勉生产，而坐吃山空，亦不可恃也。

三、以身家性命为标准？世俗之人，但认血肉之躯，以为我身；妻妾儿女，以为我眷；金玉珠宝，以为我富；贪痴妄念，以为我心。将此身心做标准而做千秋万岁之计，遂以之造种种之业，忙忙碌碌，烦烦恼恼。无苦，不知血肉之躯为有形之物，变化无定也，妻妾儿女为身外之眷，聚散无常也；金玉珠宝稀世之珍，别人可攘夺也；贪痴妄念为无明之性，更不可捉摸也。合而言之，生灭无常如依生理学或解剖学以观察肉体，分析至于极，则知肉体非真我；依社会学一观察眷属，则知个体各自存；依心理学观察精神，则感觉及情绪皆乎刺激反应等诸作用。一切的一切，亦找不着真正的财富之标准。

谁是富？富如何可保？古今来多少富翁，在生前虽赫赫一时，而食唯三餐，睡仅一榻，亦无幸福可言。石崇之富，以奴辈利其家财，不得善终。象以齿焚，豹以文戮；匹夫无罪，怀璧其罪。处乱世以财富召祸者，何可胜道乎？老子云："持而盈之，不如其已……金玉满堂，莫之能守，富贵而骄，自遗其咎。"古人以勤俭致富者均莫能守；忆马荫良先生在《申报》上谈到人生问题，说："保富不如不富，富众方能富已。"确是至言。

保富法

保富无他法，“大富由天，小富由人”。人为之富，是自私的；天然之富，是大公的。而物质之富，仅夸耀于当时；精神之富，可流芳于将来。所以道德文章，功勋事业，比之金玉珠宝，田产房屋，各有因缘。今事于精神劳动者，若教师，若廉吏，有读破万卷书而不能领数升米，数尺布，其贫寒可想。然颜回一箪食一瓢饮，人不堪其忧，而孔子称其贤。人各有志，尚精神之乐，不欲保有形之富也。我国老聃之学“无为守真”，佛陀之说“观空妙有”，不食人为之财，而欲保天然之富也。

科学方法，以不外乎循天然之原理。盖人力之精究，可以造就种种财富，如爱迪生发明电灯，瓦特氏发明蒸汽机，斯蒂芬孙发明火车，使全世界增加无量财源。然应用科学方法，从事各种企业，或如合作社之组织“人人为我，我为人人”可以减轻大众生活之艰困。或如保险公司之聊营，“从统计上预防损失，从互助上分担危害”，可以保障一切灾险之意外。凡此种种，皆有保富意味。

东方道义精神，比之西方种种科学，可保富于久远。盖西方物质文明之流弊，看重私利，但知互相剥削，互相侵轧。古人所谓“居心不仁，则父母兄弟可以成异国；居心而仁，则天物人物皆可为同体”。人人求私富，遂生荆棘于坦道；人人为公富，则化干戈为玉帛。尤望贤明当局，发挥古圣之精神。大学云：“一家仁，一国与仁；一家让，一国与让；一人贪利，一国作乱。”是故人

人欲贪私富，则大乱永无宁息之时也。

夫贫病交逼，最为人世之惨，必先求世人之不贫不病，而后自家之财富可保。况财富不是单独的定形的存着，而是交遍的互贯的变化无常的融通于社会。如心为财役，则为财奴。我能施财，则为财主（财之主人）。以社会之财用之于社会，方见智慧。保富方法应用，仍当以人群福利为前提。

佛说："我不入地狱，谁入地狱？"欲谋社会人群之福利，当先解救众生之地狱生活。大众多贫病颠沛恋数人之富贵，亦无幸福可言。所以为社会服务，是人人应尽之义。当此非常时期（1942 ~ 1943），福利事业，头绪纷繁，兹大别之如次：

一、安三失：失学，失业，失恋。三者为社会不安之源。如青年失学，易入邪途，或不能成才而图建树。《申报》社提倡助学金，意至善也。失业则为游浪而不生产，且影响治安。希望资本家多开工厂，收容流民；政府设救济，使人尽其才，物尽其用，方可谋真正之平和也。失恋是精神上最大痛苦，希望贤明师长及宗教家循循善导，能使爱情升华，更可振作文化事业。例如歌德因失恋而完成大著作，尤可效法。

二、救三苦：老，病，死。三者为人世之大苦。如养老院，医院及疗养院，施财会，掩埋队及火葬场，已为社会慈善机关所努力办理。近有信佛居士及医师们拟发起佛友疗养院，可以养老，可以养病。并设佛堂，可以虔修，即临终之时，喜闻佛号，心不颠倒，必往生极乐，冀普度三苦。其宗旨仰佛慈悲，即非佛教中病人，不拘何教，亦引为友，随缘疗养，身心兼治。此事愿宏，希望海内大德鼎力赞助。

三、求三多：多福多寿多男子，为古今人所祝福。福是气量宏大的意义，要享福，必须经练修养功夫。希望治学者及硕学鸿儒多办修福讲座，教导大众有礼貌，有气度，有享福的资格。寿是康健长寿的意义，凡德高望重之尊常祝寿时，应请卫生家讲演长寿法，请主妇讲述康健生活，并用素食，以不杀生而推广行善为准则。多男子更为世界所最需要，民族主义之基础也。倘匆伯道无儿，应视他儿如己子。或捐助家财，养助孤儿院及难童教养院，“多难兴邦”。尤望“多难兴邦”也。近世男女平等，妇女为家庭之主干，欲治其国，必先齐其家。家中主妇，有教育儿女，调度财富之责，即三多亦须由妇女为出发点。所以欲“保富”，应先“保妇”，“妇贤福缘”也。提倡妇女修养，亦感人群福利之事业。

上海静安寺星期学术讲座恭聆

读云老居士《保富法》之管见

佛子

窃读大著，揭出天道、天理、中道，示人。以为存心做事的标准，初忠后善，无容赞辞。但为学佛同志，于术语不同处，似亦有应予说明者，以期佛儒同而不同之点，不致常人误会，混而不分。姑就所见，表示一二，是否有当，仍请高明裁之。

儒者之称天道，或可作大道解。谓一切事物，都该括在内也。在佛经，则谓之业果，即一切由造业所得的果报。所谓有为法也。有为法，以生灭为相，与儒书言天道之阴阳消长相类。此业果有共、不共。关于个人者为不共，关于世界者为共。

一切有为法，范围广大，故称大道。业因无常，果报亦无常。世间苦乐，人事兴衰，势不能久。此心生灭门，所以令诸有情输转不息。然心性本不生灭，从无始来，无明妄动，遂有生灭。儒者未窥不生灭之源。而但会到此阴阳消长，本来平均。平均，即是生灭之交点。此交点常静，有似不生灭；儒者未能违证不生灭理，但能观察此一交点。即以此交点，为阴阳平均之界限，认为定律。故称为太极。名为天理，其实过此交点，依然生灭，此为佛儒教人方法之所由判。

盖佛则了此生灭，以达不生灭，故得究竟。儒但望此交点相似不生灭以为标准。其实业力所趋，决无真得平均之事。所以循环往复，穷千古而未有已，不过暂得补救耳。佛言万法唯心，心外无法，故可就心识以立言。造业唯心，结果亦唯心。故曰："一切唯心造。"而果之苦乐，全依业之善恶以为断。欲得何果，皆自心所得做主，不必委诸心外知天命。

儒家则不然，先于心外懔天，再以心为天君，或称天公，以示人之良心。本与天理合，苟本良心做事，即同依于天理。此不若佛家直接会法归心之为愈。盖儒未出世，犹以天在人上，足以主宰我人耳。故徘徊于天心二者之间，而不作直接痛快之语也。试观天作孽，与自作孽对讲，即可知矣。至云天道亏盈而益谦，唯天福善祸淫等语。若不将佛法会归自心作解，则简直是心外之天，大有黄矣上帝，临下有赫之概，则所谓天道者，不几类于外道之天律哉。

总之，此篇言天道有三处：一为一阴一阳之天道，似言其相；二为太极阴阳平均（中和）之天道（又称天理、阴阳定律、中道），似言其用；纯粹儒学教人。（间有引《华严经》语。）自成一家言，不容参加佛学道理。今因著者，既引有佛经语，姑据佛理以相发明，读者幸勿勉强和会可也。

读《保富法》后感怀

岭南逸士初稿

现在能修德，将来可勿谋。“家无三代享，世有百年仇。”知足贫犹乐，贪多富亦忧。风前花弱语，雨后鸟何愁？烦恼非增减，战争是予求。目穷天下满，力竭地中遒。纵欲情狂乱，清心性善流。守真耶释路，免堕恶魔沟。

万有轮回在，吾生往复还；今朝诚灿茂，昔日尚凋残。废木成煤炭，乌泥伴玉兰；鱼鲜水草发，虎老烟尘翻。百变何由易，全良自择难。同胞物与众，一体人为繁。进化分工作，图存共济餐；勤能宜补缺，仁义以超凡。

平等沿因定，自由立己能。天才用有别，地利义无庚。犬马供驱使，牛羊便宰烹；月明心共赏，瓜熟计调羹。命运随时止，生皆几度登。形神从上下，教义按行层。长者如标榜，儿侪必力耕。利人人我利，衡学学为衡。

读《保富法》感赋

南通瞿镜人于中国孔圣学会

仁者胞与量，何有一己小；宏愿期大同，春台乐熙皞。慨自世之衰，矛戟相索人；绕各逞其私，富者请长保。石家金穴空，邓氏铜山倒；倘来梦一场，朝露风前草。取固不如予，积亦散宜早。不然供子孙，酒色岂云好。不然身发财，思量绝可恼；从来天下事，历久归于扫；悖入者悖出，毕竟逊天巧。聂侯《保富法》，平实殊了了；苦心委婉陈，譬证亦不少。一言以蔽之，唯善以为宝。

《保富法》原书跋

自春秋以迄战国，世衰道微，邪说暴行有作，圣人忧之。思有以拯斯民出诸水火也，故孔氏言“善人为邦百年”，孟氏言“善政善教”。方今天下滔滔，干戈扰攘，世道人心较昔尤为激变，时人忧之。于是慈悲为怀，发愿劝世。

余近得聂居士云台所著《保富法》一文，本救世救人之旨，援引善行实例，警觉社会不浅。商得本报陈社长同意刊布后，作家撰文响应，日多一日。本馆社会服务处同人对此，更加重视。每日虽分段披露，唯恐读者注意力未能集中，特为发起集资另印单行本。告知苦斋主人，慨然捐助巨资，承印五万册；而荣柏云、沈眉孙两居士，亦愿襄助一切。因而闻风嘱托附印者，达两万以上。以今日印刷纸张之胜贵几千百倍于战前，而各方贤达本济世宏愿，慨斥巨资，足见感人之深，号召力之大。此册出版，凡现代人士，各宜手置一篇，以资广劝。

慈祥恺悌之云台居士，为聂中丞仲芳公哲嗣，曾文正公外孙，世为湘中望族。居士幼时，随侍大德大寿之慈母曾太夫人。日夜课读，深得仁义礼智四端硕训，并领悟文正公忮求诗对己待人要义。国学有根底，科学有深究。中年游历东西洋各国，考察纺织工业。返国后，办理纺织工厂，且造就纺织人才不少。晚年皈依佛法，湛通个宗学派。乐善好施（施财，施粥，施衣，施药，施棺等，并印送善书百余种），信守不渝。基于《保富法》中，尤多阐发，一切史料实例，力为证明。（往岁在《罗汉菜》杂志，及《觉有情》《弘化月刊》，分期披露，读者何止数十万。）最近本报刊布，其受感召者，几遍全国。（唯该文因聂氏中途患病，致使千万读者未获研读全豹，辄引为遗憾。如蒙通儒硕彦，将其授意古代善恶的人的结果续成全璧，当于再版时补入。）

本报读者，近组正智印书会，集大多数资财，印大多数善书，以广流通而利众生。盖吾人觉得最大善行，莫若印善书。善书流通，劝善益世，化民成俗，普及六合，远逮百世，其功垂于无穷也。

今日刊此小册，为诸君郑重言之，旨趣有六，要约有二。六者何？觉世牖民，期于潜移默化，有裨社会教育，一也；激发良知良能，养成佳子弟，有助家庭教育、学校教育，二也；发动大悲宏愿，救贫济急，藉以振兴社会，救济事业，三也；劝人随意布施，有钱出钱，有力出力，四也；注重公益，修积公德，务期于消极不为恶（郑板桥诗云："闲来写幅丹青画，不受人间造孽钱。"），五也；施恩不求报，与人不追悔，为慈善最高原则，若必欲有所取偿，则为子孙积福，乃保富之不二法门，六也。二约者何？凡手此册者，转相赠阅，广为流转，幸勿束之高阁，此要约一也；凡阅读此册，不妨向文盲宣讲，使大众发慈悲心，自动向各慈善机关，慨解仁囊，共襄善举，此要约二也。谚云：“保富莫如济贫，济贫莫如济急。”又云：“个人福，不如社会福。”

升平之世，人民安居。慈善家往往夏季施茶，冬季施衣，年终施米，疾病施药，点夜灯以照行人，修桥铺路，解纷排难，戒杀持斋。抑或倡办孤儿院、育婴堂、贫民医院、残废院、养老院等。其间虽不乏积极事业，然皆济贫非济急也。值此战乱未已，浩劫当前；暴户余纨绔，应集大埠，今日入跳舞场，明日进俱乐部，放肆挥霍，不知百物狂涨，民不聊生。而石米涨到千余元，不问也；饿殍横倒路旁，不援也。骄奢淫逸，地黑天昏，贫富太殊，苦乐特异。按照佛家三世因果而论，今日受苦之人，即过去只知自己享乐，不顾他人痛苦之辈。现在只知享乐，不顾他人饿死，定是将来受饥受苦之人。因果循环，丝毫不爽。今日我救人，他日人救我。若明乎此理，各人自应节省奢侈之费，移作救人苦难之用。抚育者，自动举办，施粥，施衣，施药，施学，施住，或劝人助人。其未来福报，当有百千倍于所施。所谓福田广种，福泽自长也。

上文写竟尚有许多感想拉杂附于后。

謝蓀

我生于上海，服务于社会垂卅年，看见许多亲友，变幻无常。有钱人之心，是不可捉摸的。试问近年来市场上兴风作浪，升斗小民苟延残喘，社会道德沦丧，皆是有钱人辣手所干。

上海最近粮食缺乏，米价每石千余元。马路饿殍，触目皆是。同时舞场戏院茶坊酒家，仍到处客满。同为人类，何不平等至此？

因果循环，一定不易。今日我救人，他日人救我。所以布施要在福田里，一粒种子下去，有很多的收获。救济难民，是最大悲田，学仙佛学圣贤之人，想修福种德之人，应努力救济难民。

做事不惰曰勤，用财有节曰俭。苟以勤俭所得者，广积阴功，培植子弟，即可致富。故曰“勤俭生富贵”。

凡爱人爱物，皆谓之慈；利人利物，皆谓之善。慈善事业，贵博施而济众，非有财者不能。故曰“富贵生慈善”。

慈善有益于人谓之道，慈善无愧于已谓之德。故曰“慈善生道德”。

用妥善方法，使无法生活者，可勉强生活；使财产超过生活所必须者，散出过剩的一部，为社会谋福利，则人心因钱过少或过多所生痛苦，都可减除不少。即是大慈悲，救苦救难，功德无量的不世之业。

三三友朋节发起人黄警顽属于《申报》社会服务处

卷后留余七律一首

新刊保富法法通，夙具慈悲有聂公，择取名言彰古道，引援善例纪高风，

倾财建学谁为勇，舍药医贫得报隆，更见儿孙多慧福，千秋史册著宏功。

癸未春，黄子警顽热心集资，排印《保富法》八万册行世，卷末补白丐诗，谨以现拙，无垢庵主识。

第二辑　培心植德

于难舍处能舍，难忍处能忍，难行处能行，总能够坦坦白白地做个君子人。

——聂云台

那伽犀那尊者

勉为其难说

一、真难假难：存乎一心

孔夫子说："仁者先难而后获，可谓仁矣。"大凡是要成圣成佛，固然是要从难处做功夫。就是普通做个好人，也是不能容易的。古人说要做好人，上面煞有等级，做不好人立地便是。又说是为善如负重登山，为恶如乘马下坡；又说是攀跻分寸不得上，失势一落千丈强，都是说做好人须要十分努力的意思。但是要声明一句，这难不是真难的，是难在内面，不是难在外面的。孟子说："挟太山以超北海，语人曰'我不能'，是诚不能也；为长者折枝，语人曰'我不能'，是不为也，非不能也。"这挟泰山超北海系譬喻势所不能的事，系靠外面的；替长者折树枝系我自己可做主的。我们推诿畏难不做好人，实在系不肯用折枝的力气罢了。不用气力，就不能做事，不做难的功夫，就不能做好人。但是世间上做难的功夫的很少，而自觉为善人、好人的很多。这不为难、不吃苦就做了善人的，是不是真的，就大要研究了。

二、善恶锱较

大凡善恶的名称，也是由比较出来的。譬如讲施钱财，是好事。若是富翁施银千金，捐赈灾，自然是好事。但若是他有几百万两银子的家财，遇着荒年，眼见灾民满地，必须几十万两银子才能救活的，他却舍不得多施，只肯拿出一千两来，交把那些办赈的人，还要说些遮盖门面的话。那办赈的人自然要称他做大善士、大慈善家，说他已经救活了一千人的命了。他自己也很得意，觉得自己真是善人，做的功德不小。但是这好事经不起研究，一研究，就会察见。因为他不舍得多施钱财，饿死的已经多得多了。若是贫人看见别人的苦事，动了不忍之心，虽只施舍几文，那功德却大了。因为贫人的几文，比富人的几千几万两是更为难的。

从前有个江西舒翁，在湖北省教馆。年底放假，同十几个教书先生同船回家。夜间泊了船，听见岸上一家女人哭声凄惨。舒翁去访问，得知他的丈夫欠了官银，关在牢里，要卖了妻去还官租。妻去孩子无人喂乳，也难活了，所以悲惨。他问知所亏数目，系十二两银子。就回船对同伴的说明这事，请大家每人出银一两助他，免得这一家妻子离散。这些教师都不答应，他无法就自己把所积两年的修金，共总只有十二两银子，一起施给那女人去了。后来在船上伙食钱都没有了，就同朋友借钱少许，忍饥吃粥。同伴的怜惜他，有时叫他同吃点饭。他到家时，他的妻子正等候他的钱还账过年，那晓得都没有了。锅里没有米，就在山上找点野菜吃。

他这样的施舍，真是难而又难了。因为他做得这难的事，所以他的善是真而且大的，是格外可佩可贵的。那有钱的施舍很容易，即使花几十万也拿得出，他却觉得难舍，就不舍。所以他虽然施了千两，却是功小罪大了。

这是举出一个比喻，别的事也可以如此类推的。善得真不真，多半从难不难里头显出。所以我们要仔细地推勘我们的心，和所行的事，是不是敷衍别人耳目的，或是心能安的。若是敷衍别人耳目就模模糊糊做点面子，就够了。就好像那百万的富翁只拿一千银子出来助赈，别人已经恭维他做大善士，登报鸣谢，名扬远近。若是真正为求良心得安，到不得已的时候，就要像那舒翁把自己养家吃饭的钱，全盘地拿出来救人才是。

三、杀生业果

再讲到杀生的问题，也是经不起研究的。我们晓得畜类都有知觉感情的，它们同人一样贪生畏死的，它们一样的有眼耳口鼻四肢百骸的。为何我们却要因为我们口味贪念的缘故，把活泼的

救苦觀世音菩薩
大悲觀世音菩薩

真身觀世音菩薩

十一面觀世音菩薩

生命弄死，来快我顷刻间的意念呢？

讲到卫生。中西古今都说吃素可让人血液净洁，减少疾病；又能使人头脑宁静，智虑清明。讲到德行。吃素的不杀生命，克制自己的贪念，培养生息，自然是心地更加仁厚。

讲到因果。减少杀业的，必然感召天和，灾祸自然消灭。世间人也未尝不晓得这些好处，总由于不肯忍那几分钟工夫，以致习惯自然，不以为非；并说出许多理由来辩护。大概最普通的辩护，就是说儒教最中正，并不教人戒杀；佛教太过了，行不通的。

我要说我素来是崇拜儒教的，但是讲到这个问题，儒家没有严定的主张。并不是不晓得这意思，只缘儒家以人为本位的。列圣出世急于拨乱反正，先从政治礼乐孝悌忠信下手，所以把亲亲仁民要紧，爱物的事放在仅后面了。其实古时候的君子在佛教未来之先，早已有提倡戒杀放生的。有人送一条活鱼给郑子产，子产就叫人把鱼放在池里。还听得管园人的报告，说那鱼放下水去活泼泼的情形。他就喜欢地说："得其所哉！得其所哉！"又晋国邯郸人，元旦日送了只鸽子给简子，简子立刻叫人放了生。人问他的缘故，他说元旦放生，是一种恩意的表示。可见得儒家早有戒杀放生的主张了，只因为忙人要紧，不暇及物，但是略有节制而已。所以有礼制，天子诸侯无故不杀牛羊，士大夫无故不杀犬豕，庶人无故不食珍肴。孟子说："七十者可以食肉矣。"朱子注解：

是不到七十的不应吃肉。这也可见儒家爱惜物命的意思。但是彻底地说起来，儒家不积极主张戒杀，究竟是不对的。何以说呢？孟子说的：“见其生不忍见其死，闻其声不忍食其肉，是以君子远庖厨也。”我请就把孟子的话来驳他。孟子又说过：“人皆有所不忍，达之于其所忍，仁也。”他又说过：“五谷者种之美者也，苟为不熟，不如荑稗。夫仁亦在乎熟之而已矣。”照这几句话归纳起来，孟子既说见生不忍见死，闻声不忍食肉，就是有所不忍了。虽然庖厨安得远些，等得上桌的时候，是确见它死了，仍然忍心把肉吃下。这就是不能以其所不忍达之于所忍了，这仁就不能算是熟了。

佛家所以要这样谨严积极地主张，只不过把事理推勘得透明，不肯只做一半。换句话说，就是要把这达字熟字做到，成就个仁罢了。这达字熟字要做出来，就要难为口舌的贪念了，违反生平的好尚了。佛家既认明必如此然后为仁，否则就是不仁，所以要把这些难处熬过。这就叫仁者先难而后获了。

以上所云，不过略举梗概，表明要做到真善，必须从难处做将去。就是要难舍处能舍，难忍处能忍，难行处能行，总能够坦坦白白地做个君子人。第一步的功夫，就是要肯彻底地推勘事理，审问良心，不模糊敷衍地专做个门面，欺瞒自己，对付别人。大学说的格物致知，就只是推勘事理，审问良心；致是非的真知，辨明是不是自欺而已。用这样功夫的人，自然会发现自己的过恶是很多的。就是骄奢淫逸、凶忍刻薄、欺诈等恶事，我们向来不肯自承的。只怕都难免，并且恐怕是很重的。晓得了，去用力改，固然是极难。但是最难的，还是那头一步功夫，就是趁夜气清明的时候，把自己的行为意念，彻底地推勘，审问个明白，不要宽恕、欺瞒自己。如此，总有下手的方法呢。

断除习气说

古来圣贤教人和律己，都是以改过迁善为目的。大概是对症下药，有特别的病，就用特别的方药；有通行的病，就用通行的方药。

一、六根习气

讲到习气，各人所染不同，自然要就各人所短的特别地医治。但是个人的习气虽属各个不同，归结起来，大致不外几类，所以治习气的方法，大概仍是相同的。推究各种的习气，大概由于眼、耳、鼻、舌、身、意六根所染，但是各人各根的习染是不同的。

（一）眼根 眼根习气重，专门闹好看的。这好看里头，就做出许多的坏事来。例如好美色，是为好看，再因美色来讲究衣饰朱玉种种奢侈，都是由于好看的缘故。

（二）耳根 耳根习气重，专门闹好听。好听的里面也要说出许多讲究，或弄出许多古怪的花样来。例如夏朝的妹喜单爱听裂缯的声音，糟踏有用的物料和金钱，来快她耳根的喜悦。因为她的耳根有了这种特别的习染，觉得这样的声音到耳方才舒服。这一点“觉得”就是习染了。

（三）鼻根　鼻根习气重的，格外讲究闻。所以有几十元一瓶的香水，几百元一瓶的鼻烟，把这样的嗜好当作了一件大事来做。

（四）舌根　舌根习气重的，专门讲究吃。这个习气造业最多。五谷蔬果，本来是养生上品，但舌根习气重的，总觉得谷蔬味淡，不能快口，必须要些血肉之品，才能叫舌根满足愉快。

有的习气重的，更有许多花样出来，杀生还不够，还要趁生物活的时候，割肉来吃，或者要趁它最幼嫩的时候吃。我听见香港一家大茶馆每日要杀小猪三百只，专做烧烤下茶。这并非为果腹充饥之用，纯是为一种习气罢了。为此一宗，一城杀的小猪一日几千头，每年论百万头，其余鸡鸭牛羊大猪还不在内，都是为了舌根上这点稀奇不肯忍一下，造出这大的杀业来。

推演起来，世间上的争夺杀戮都是为不肯把自己的习气忍住一下，所以把别人的身家性命糟蹋，来快我的意思，就是从杀生吃肉的行径放大的影子罢了。

（五）身根　讲到身根的习气，也是很多的，着的衣服要细软，用的器物要灵巧，住的房屋要舒服；用了一回好的之后，再看见差一等的物什，就不如意。这一点“觉得”就引起许多奢侈繁费，因为奢侈繁费，就做出许多巧取强夺不道德的事。退一步讲，因为自己要舒服适意、奢侈繁费，使世间上有限的生产物力不够分配，

致使许多的人连粗糙的衣服、笨拙的器皿、矮小的房屋，都没得用。只为这一点“觉得”嫌不舒服的习气，做出这不恕道的事实，造成这不公的世界出来，这个害处就不小了。

（六）意根 意根的习气，是最多也是最不易察觉。前头所说的眼、耳、鼻、舌、身五根的习气，固然都是靠意识的感觉，但是除了这五根之外，意识的作用，仍然最大；所以有的人志行高洁，五根清净，他的意识仍旧在那里造业。所以拔除意根的习气，最为紧要，也是最为难能的。

意根的习气虽多，略而言之就是贪嗔痴三事；又再约而言之，就是“我见执着”。何以说呢？我辈每日间空下来，起心动念，不外乎饮食男女的欲念，和功名利禄的思想。这种种妄念，无非是贪的念头。只由于我的欲念太重，甚至于做善举、利国利民的事，也希望人家恭维，唯恐功不归我、名无人知。又如许多富豪，有了百万，还想千万。这种贪念，明眼人在旁观看，便觉得当局者何以痴迷如此，莫明其故。实在就因为我见太深的缘故。虽然我的钱已经很多，还觉得世界的财宝，应该都归了我，方才快活。功名的观念，也是如此，所以说贪念是由于“我见”来的。

二、我见执着：嗔念、痴、愚

说到嗔念，也是由于我见执着来的。我见一重，所以凡有违忤我的，就生嗔怒：一切事情，争强好胜；见一切人，起骄慢心；见胜我的，起嫉妒心。总而言之，一个“我”字，横亘在心。人不如我意，更生嗔念；事不如我意，自然也生嗔念。其至于天理、人情不如我的意，也要恼怒。所以说嗔念是由于“我见执着”来的。

再说到痴愚，也是这样，不外乎“我见执着”。有许多人在局外谈论别人糊涂，怨骂别人愚蠢；及至身入局中，就糊涂愚蠢像那一样。若是听见人说讽刺的话，就想这只是讥讽别人，决不是讲我，因为我决不是如此糊涂愚蠢的。却不晓得这一个执“我为是”的念头，就是愚痴的事实，不必另寻愚痴的证据了。所以说愚痴是由“我见执着”来的。

佛家说贪嗔痴名为三毒，就是意根的习气。那五根的习气，犹为易拔，这意根的习气最是难除。因为难除所以才叫作习气，就是多年来“我见执着”下的种子结了现在的果，藤牵蔓长，根深蒂固。所以佛菩萨教人修持方法，须要断除一切烦恼习气。孔子教人说：“性相近也，习相远也”“惟上智与下愚不移”。是说不被习染移去本性是甚难得的。又说：“过则勿惮改。”因为常人的习气既深，明知自己有些不对，或因循不能改，或护短不肯改。这“勿惮改”就是要下断除习气的决心。孔子自己断除习气的功夫是“毋意、毋比、毋固、毋我”，这完全是破除“我见执着”罢了。孔子又教颜子“克己复礼为仁”，克己就是破除“我见执着”。须是发慈悲心、无为心、平等心、恭敬心、卑下心、明觉心。又去尽染着心、杂乱心、见取心、骄慢心、懈怠心、机巧心、名誉心，方能到复礼归仁的地位。这不过是要去尽意根的习气，收拾得一个清净的念头，并且极称这个功夫的紧要。说是一日克己复礼，天下归仁焉，是要形容其不可思议的功德。

三、克除习气

讲到节制，孔子说是亲德言勤，就是连五根的习气同时着力来断除了。这样说来，成圣成佛的功夫，只是断除习气要紧。再讲到古来大英雄豪杰，成就大事业的人，也是从这件事下手。历史上可以举几个人来证明。越王勾践志在救亡图强，恐怕富贵逸乐的习气淹没他的勇猛精神，特为除去垫褥，夜卧柴堆之上，日里尝苦胆汁，作为一种熬苦的训练。这样的苦，行经了二十年，居然强越克敌。陶侃为八州都督，朝起搬运一百块砖到斋外，夜里又搬进斋内。他说：“我方担当国家大事，若过于舒服，将来不能干事，所以要勉强习劳。”大概六根所喜悦的、所倾向的都是习气。这习气所表现的，就是骄奢淫逸。

凡是要做学问做事业的人，总是先从自己的习气下手，就是从性情所倾向、心意所喜悦的努力地节制，把所倾向的要克制不做，所不喜悦的、以为难的努力地要做。但是这种功夫，极其不易，所以王阳明说：“破山中贼易，破心中贼难。” 这习气的根子，隐隐伏在八识田中，随时出没，难防难剿，所以能穷搜痛剿这心中贼的人，终竟是要成大人物的。

近几百年来学问功业的大人物，要推曾文

正公（曾国藩）。他的文章书牍，遗留的也最多，我们易于窥见。他的用功的方法、努力的情形，他写于友人书信中多次提及，竟能够引起一般正人，挽回一时风气清明了几十年。可见事在人为了。文正公教人断除习气的方法和自己断除习气的功夫，也可以从他的著作言论里头寻绎。他最注重的是戒骄戒惰戒奢。如何戒法，他都一一说明。他说：“欲去骄字，总以不轻非笑人为第一义；欲去惰字，总以不晏起为第一义。”他又说：“天下古今之庸人，皆以一惰字致败；天下古今之才人，皆以一傲字致败。”他又说：“百种弊病，皆从懒生。懒则弛缓，则治人不严，而趣功不敏。一处迟，百处懈矣。”他又说：

"强毅之气，决不可无然强毅。与刚愎有别，自胜之谓强。曰强制，曰强恕，曰强为善，皆自胜之义也。如不惯早起，而强之未明即起；不惯庄敬，而强之坐尸立斋；不惯劳苦，而强之于士卒同艰苦，强之勤劳不倦，是即强也；不惯有恒，而强之贞恒，即毅也。舍此而求以客气、胜人是刚愎而已矣。二者相似而其流相去天壤，不可不察，不可不谨。"这所讲的刚愎客气就是习气，自胜自强就是断除习气之法了。

四、克己修省，战兢惕励

如何能自强自胜呢？须要先有决心，就是立志。他说："人之疲备不振，由于气弱；而志之强者，气亦为之稍变。如贪早睡，则强起以与之；无聊赖则端坐以凝之。此以志帅气质说也。"他又说："人之气质本难改变，欲求变之之法，须先立坚卓之志。即以余生平言之，三十岁前，最好吸烟，片刻不离，直道光壬寅十一月二十一日立志戒烟，至今不再吸；四十六以前，做事无恒，近五年深以为戒，现在大小事均尚有恒。即此二端，可见无事不可变也。古称金丹换骨，余谓立志即丹也。"既经立志，就要勤回省察，刻苦行持，勉力从难处做去。请略举几条文正公日记刻自责厉的话，足见他用功夫的切实刻苦。他说："自戒潮烟以来，心神彷徨，几若无主。遏欲之难，类如此矣。不挟破釜沉舟之势，讵有济哉？”他又说：“记云君子庄敬日强，安肆日偷，或日日安肆，日日衰败，欲其强得乎？”他又说：“诗称不嫉不求，何用不臧？仆自省生平，不出嫉求二字。今已衰耄，旦夕入地，犹自撼拔除不尽。”

五、信念力行

可见断除习气，说开容易，若是真用功夫的人，方晓得习气的根子很深，难于拔除净尽。若不像文正公用这样的苦功，如何能够成就这样的学问德业呢？他所以用这样勇猛自克的功夫，是先有高明的见识，认定习气误人，若不攻破这习气的包围，是不能成人的。他说：“知己之过失，即为承认之地，改去毫无吝惜之心，此最难事。豪杰之所以为豪杰，圣贤之所以为圣贤，全是此等处磊落过人。”他怜悯社会困在习气里而不自觉，又不喜听正人的直言，所以他说：“安乐之时，不复好闻危苦之言，人情大抵然欤。君子之存心也，不敢造次忘艰苦之境，犹不敢狃于所习，自谓无虞。”

凡人必见理明，方能立志决操行勇，所以我辈讲究学问道德，先要把见识弄得正。文正公又说：“强字，要从明字做出，否则就是刚愎。”刚愎，就是习气了。孔子教人笃行之前，必须先要博学、审问、慎思、明辨。如果辨不明、思不慎、问不审、学不博，却只说我是深信笃行，这就是前头所讲的“我见执着”了。这种事情，修善修学的人，也很多犯此病，就是意识中习气为害，把辨别义理是非的正知见障蔽住了。所以孔子、释迦牟尼教人都是从明字入手。大学明明德，中庸自识明，佛家重修慧求明觉，都是一个意思。这个明字，是做一切功夫的终点。

我们须要晓得，若不到圣佛的境界，总不能免于习气所流转的。我们凡夫不但是不能够免于习气，并且是习气很深的；但是我们自己决不承认我有习气所以然的缘故，只是不明罢了。列位要是做明字功夫，请将前面所述的“我见执着”几个字来研究，并向自己省问：我对于寻求义理、是否屏去成见，是否发了卑下心、空观心、恭敬心、平等心来慎思明辨？是否于孔子明明德在止善定静安虑的功夫，和释迦牟尼所教由戒得定、由定得慧的意思了解明白，并且向这一路用力？若是明字功夫做得切实，自然就会察觉自己有习气了，就可以晓得断除习气的着手处了。

释躁平矜说

《易》曰:“吉人之辞寡，躁人之辞多。以吉人与躁人相对而言，则可知吉人之不躁而躁人之不吉矣。”予尝默察身心之病，与夫失德偾事之由，亦大都在一躁字。躁者，不静也。子曰:“仁者静，然则躁者不能为仁亦明矣。”大学明德亲民止至善之功，要在知止有定，能静能安，而后能虑能得；则不能定静而安者，必不能明明德亲民止至善又甚明也。宋儒性理之学，始发源于濂溪周子，其学一以定静为下手功夫。诸子皆教学者静坐，定为日课。程朱然，陆王亦然。而周子之学，实得自寿涯东林二禅师。周子以前，未有性理之名词，亦未有以静坐为教者。刘后村曰:“濂溪之学，得自高僧。”（见《后村集》）张横渠曰:“东林禅师性理之说，惟我茂叔能之。”（见《宏一纪闻》）濂溪喻学者曰:“吾此妙心，实得启迪于南老，发明于佛印。易道义理廓远之说，若不得东林开遮拂拭，断不能表里洞然、该贯宏博。”（见《伊氏家塾》）盖自孟子没而孔子之学久晦而不彰，世儒求学问于外物，而不知求之于内我，寻枝逐末而忘其本根；而不知古圣之学，一以本心为归，以诚明为极则，而必以定静为功夫。苟不能定静，则诚与

明莫由而致。予既稍研佛学，闻由戒得定由定得慧之义，乃知佛与儒职志范围之大小虽别（佛以劫为时间，以度无量众为职志，不限于今世眼前故），而为学用功之方法则同。盖吾辈治事求学、处人济众，苟不先自明澈，则无往而不颠倒谬误。故佛与儒必以求明为第一义，而两家同以定静为求明之唯一方法。然吾辈稍窥为学入道之门径者，亦知定静之重要，而不知其致定静之甚难也。然则，当推求其症结之究何所在。

吾尝默自察焉，其一自觉为生理之弱点。肝阳常旺，若火之炽，阴液枯竭，神失其养。此在西医，名曰神经衰弱。以其失血液之滋养也，故病在内躁而心不能定静也。其二自觉为贪欲之时发也。贪欲万端，不外饮食男女功名利禄四者。各人以夙世所熏习之异，而其贪欲发展之向不同，或多于此而少于彼。庸常之人，饮食男女利禄皆其所贪；知虑稍高之人，略知节抑肉欲，而功名心与好奇心则所不能除去。遂由此心发生欣、羡、骄、嫉、愤、怒、悲、怨等念。此佛家之所谓嗔毒，而实亦发源于贪也。贤智之人，嗔念亦多，不必尽出于私欲为我之贪，然难免于功名有我之贪。而况不学如予，并私欲为我之贪而未能免者乎？故每一静坐，试调心息，则万缘俱起。求一呼吸间之定静而不可得，盖多生以来，时时刻刻贪欲熏染不稍宁静之所致也。

所谓生理之弱点，使内躁而不得定静者，亦同此一原因而已。而此时之内躁神昏，又与贪欲妄念，互为因果，互相纠结。故欲除内躁，须息外缘。二者同为一病，同赖一药。其药为何？定静去躁，克已去贪。克已，戒之事也；克已复礼，庶乎定矣。千圣垂教累千万言，胥为此事，盖皆因病投药而已。然世人之病，虽不离贪嗔二者，而至深浅粗细，则无有不同：浅者易治，深者难拔；粗者易见，细者难察。吾常读《金刚经》得于心者，有二语焉。其一曰：“度一切众生已，实无有一众生得灭度者。”何以故？若菩萨有我相人相众生相，即非菩萨。其二曰：“菩萨所作福德，不应贪着。”盖菩萨以无相行布施，内不见其有我，外不见其有人，中不见其为有功德，自然无贪着与骄矜之意矣。

古人言盖世功劳，当不起一个矜字。予当取此言以释经意。夫度尽一切众生，非盖世之功劳乎？然有一骄矜自得之意，则其人无可称矣。经所以言菩萨有我度众生之相在其心中，即非菩萨也。贪着福德，亦即一个矜字也。此矜字最难去，何以故？我相人相众生相最难除故。此相不除，则贪着福德之心犹在。推而究之，则即贪功好名之心也。此其贪虽异于饮食男女之欲，而其为众苦之源烦恼之本则同；且深而难拔，细而难察，尤甚于饮食男女利禄之贪也。又由此一念而招嗔致痴，故躁即嗔痴之见端。观躁之发露，而知三毒之备具于一身矣。因是而形为不正之知见，不智之行动，而其源则由于一矜字。矜之弊害，有如此者。此佛所以为发大乘心菩萨谆谆再三言之也。

夫盖世功劳，犹当不起一矜字。而世之具片善微劳而沾沾自喜，汲汲自见，且因人不已知而愠者，抑何多也！此易所谓躁人者也。予当默自体察，觉躁矜二字时时发露，生心害事，屡惩不能改，因常诵古人释躁平矜一语以自警策。又当求治之法，而区之为治标治本二者。治标之法，观照妄念以修禅定；治本之法，忏悔念佛以消业障。然皆以持戒为第一要义（持五根本戒，避十恶业），而副之以布施（身亦可舍，何囿于身外之物，乃须一切有功德、一切名誉，无不舍者，是为布施之极则，所以医贪也）、忍辱（忍辱无相，庶几能化除功德名誉骄慢之心，所以医嗔也），精进（恭敬心是也。不懈不慢，自然定静。曾文正公有言：“静从敬出。”）之功。做圣成佛道不外是也，因推演其说，以告世之同病者、志学之士，悦而绎之，庶几于存养之道有小补为焉。

喇乎拉尊者

修慧说

或者问佛法是为何事，答只是修慧。问如何是修慧，答就是儒家的明明德和致知。若问如何是修慧，先要明白何者为慧。慧者正智也，觉之知也，称为智慧。与常人称为智识者不同，所以要晓得何为修慧，先要明白智与识的分别。佛说一大藏教，只是说明三界唯心。万法唯识就是要人离识入智，转识为智。现在我要略说何者为识，何者为智。

一、 业力六鞭

佛教说万法唯识，意思是我们所有一切见、一切觉、一切欲念、一切事理色相，都是我们幻妄的心念所结成的果。这果也是幻而不实的，苦而不乐的，劳而不安的，害而

不利的。然而我们却不能跳出这个苦的圈子，一次两次三次到万万次，轮回流转，不得罢休。譬如一群牲畜被人用鞭子赶着走，昼夜不得息。我们众生却是被自己的业力的鞭子赶着打圈子，这鞭子的能力很大。若要问这鞭子在哪里呢，就在我们的眼里，在我们的耳朵里，在我们的鼻里，在我们的舌里，在我们的身体里，在我们的意气欲念情感里。

这六条鞭子不住地鞭打赶着我们忙跑，并且我们是一心情愿高高兴兴地跑。若是问他跑的事，又为何事这样的忙呢，他自己也不知道。他并不晓得这六条鞭子害他害得好苦，却觉得这鞭子打得身上好快活，所以还在那里要尽量地设法来奉承恭维它们。这就是我们的见识、感觉不明白不正确的缘故。

这种见识和感觉，是眼耳鼻舌身意所发见的识，不是妙明圆觉真如自性所原有的智。这就是智与识的不同了。譬如粪的臭恶，是我们人所晓得的，但是狗就觉得这粪很香甜而有趣，有时还为争这点粪咬起来。那不过是它们感觉见识不同，故此以为这粪是好。狗的识如此，我们看着它替它怜悯。我们自己是不是被“我”的识束缚流转呢？这事能研究明白就是大学问、大智慧。若研究明白了，再向这里用功，就是修慧。

二、修慧门径

若问慧如何修法呢？答佛教、孔教均教人修慧，都有一定不移的方法。佛教说的是戒、定、慧，就是由戒生定，由定发慧；孔教说的是知止而后有定，定而后能静，静而后能安，安而后能虑，虑而后能得。这所得是指明德，就是智慧；止于至善，就是戒。非礼勿视，非礼勿听，非礼勿言，非礼勿动，克己复礼，都只是戒的功夫。有了这样的持戒克己的功夫，自然得定了。譬如我们平日局外论事，似乎很明白，一到了自己身上，便糊涂起来。

大悲觀世音

十一面觀世音
易長觀世音

何以故呢？因为功名利禄饮食男女种种贪心、骄慢、嫉妒、憎恶、偏执种种嗔心，把仁义礼智的本心一起遮盖住了。所以要把非礼之事戒除，私欲之心克去，以至善为止，归自然心，定而不乱，免得临事糊涂了。列位若是在这点上用过功夫的，便晓得平日的思想态度言论举动，和遇见女色厚利珍物美味的时候，或争执嫉怒的时候，大有分别。能够打过这些关头、心念不动的，就算是有定力。这是不努把力决然做不到的。

（一）克己复礼 讲到持戒克己、止善复礼，就是要节制自己的欲望，磨炼自己的意志；要把自己欲念所喜做的事，勉力不要做；自己私心所不喜的事，勉力地偏要做，这叫作勉为其难。若是不难，就不算克己了。所以孔子说“仁者先难而后获，可谓仁矣”。佛教说的要从难处做去，就是难舍处能舍，难忍处能忍，难行处能行，难受处须受。若不是这样就事磨炼，断不能改过迁善；遇见一些小事，心里就没了主张。所以佛教的由戒生定，孔教的克己复礼、知止有定，都是要就事练心。先把这容易散乱的心，使它受范围节制，使它遇着情欲气性发动的时候心能定静，不摇动，不走失，就是持戒克己的目的了。

（二）戒、定、慧 讲到由定发慧，这个境界有浅有深。先讲浅的。凡是忙乱轻躁的人，每每糊涂谬妄；安详镇静的人，方能清明决断。这还是从寻常事情的见识上讲的。若是讲到最高的智慧，如孔教的克明峻德、知性知天，佛家的妙明觉知、明心见性的境界，还不是我们寻常人用语言文字可以说明的。这种境界岂是寻常人尘劳纷扰昏迷散乱中所能够得到的？有一件最明白的证据，就是东方上古圣贤都是讲清静至高极深，而且是万世不易的。甚至于医药卜筮的学问，我们还是靠着四千年前的书的作用，不能跳出它的范围。若不是智慧极高，何能如此呢？

所以由定发慧，不单是佛教的秘妙，实是东方圣贤所同的。《大学》说“定静安虑得”；《中庸》说“诚则明矣”，又说“自诚明谓之性，至诚复性”，当然是定静到极处的境界。可惜这种学问中间失传，直到宋儒方才重新来研究。宋学渊源多半是参证佛学触类而通的。周张程朱陆诸子都是教人学静坐，甚至于教人半日读书，半日静坐。王阳明在龙场终日静坐，忽得慧悟，发明良知的学说，简直是禅宗坐禅开悟一个样子。近世的曾文正公，也是每日静坐定为日课，所以学问事业成就高于常流，也就是得定静的功了。

三、智慧主纲

这种高的智慧，所以与寻常的智识不同的缘故，是因为智慧所见的是理，能透彻到底；智识所见的是事，不能透彻到底的。明理的能够以简御繁，善事的只是寻枝逐末。因为理能包括事，事不能包括理。近年来新学科学家，似乎理论也很深奥，但是没有站得住脚、攻打不破的方法。有一个比喻最为贴切，是扶得东来西又倒。例如德国的科学和军事学，及种种作战的设备，称为世界第一，加以谋臣战将筹划精详，券操必胜、算无遗策。谁知到了临头，才晓得从前所算计的都不合用，所预料的都不应手，以致死亡太多，延时太久，竟归失败。又如英国外交最狡狠，心

计最精工，预料联合各国打败德国就可以垄断世界海上的商业。谁知德国虽然倒了，英国的垄断不但是不成功，并且自己的工商业也一败涂地。这是初料不及的。这就是专从事物上计算，不能圆满完善的证据。

这话和科学家讲，他们肯定不服，他说是德国英国的失败，不能说是科学失败，仍是计算调查不周密的缘故。我老实告诉他，凡讲事物，永远不能有完善精密到十分圆满的时候，若将现在经验上的缺点一一补填完密，下次用的时候；又要发现加倍的新缺点、新漏洞了，又再上十年百年的经验。科学事物的智识增加了十倍百倍，那时发现的缺漏也增加了十倍百倍。忙得这班科学家跟着那些缺点漏洞后头跑，越跑越离得远，终竟赶不上，仍然困倒在地上罢休。

四、智识相异

天地间事物是变化无穷尽的，从万变的事物上来研究，只能见一样学一样，暂为一时期一地处的应用，过一些时换一处所就用不着了。独有良心上的理，是亘古不变的。有了这不变的理，明白在心里，等到遇着万变的事物的时候，自然能对付过去。世界上最后的胜利，是属于大体上明白道理的人，不属于事物上才能机巧的人。东方圣贤的教义与西方学者见解的不同点，就在此。一个是智慧，一个是智识。智慧属于道德，属于精神，所以专讲物质相的人不能领略智慧的妙处。譬如在荒野地上忽然看见一块银子，这讲科学的人一定拾取来，他认为既非偷盗而来，法律上毫无责任，更何况没有人知道，尽可取来用。他若听见范文正公贫苦时候挖见窖金都不取用，必定笑其愚蠢。他不晓得范文正公的勋业学问道德文章，决不是一两坛子窖金所能办得到的。他所以有这样的成就，就正因为能不取那窖金，偏要忍穷熬苦，所以能磨炼成功这一番事业。

五、智慧助益明智

这种智慧，是科学家和功利主义的人所不能了解的。照西方物质学派的眼光看来，这银子最好是拿来，做有益的用处。例如范文正公当时何不拿这银子买书籍，并且贴补家用，自己更好专心读书呢。再者若是不愿作为己用，仍可以一样做学问讲道德。或者又想，他若有钱，能吃得好些，住得好些，精神愉快些，身体健强些，成就的学问事业或许更大呢。凡物质学家、功利主义的人的思想，大都是如此。殊不知这就是物质眼光，纯然照着理想的说话，没有体会到人的心性感情因物质环境所发生的变化。这种变化，不深从心性上用功，是不能领略得到的。东方古圣人专从根本上研究，

除獸難観世音
除火難観世音

普門品觀世音菩薩
除怨賊觀世音
除水難觀世音
除象難觀世音

所以能深明此中意趣。物质学家专从表面观察，哪里能看到透彻、底里的一层呢？按照东方的学说，物质和精神不能两样同时发育的，所以在物质上享用便利的人，精神上一定退化。所以欲要道德智慧增长，除非是从艰苦中历练出来。

可见这种道理是千古圣贤所公认的，这是几千年事实经验证明的。所以东方圣贤教人发展道德精神，都注重在苦行磨炼。有一句俗谚说：“成人不自在，自在不成人。”何谓自在呢？就是顺从欲念，譬如色声香味着用，性喜美好适意的；思想主张行为，性喜自是利己的；顺从所喜欲，就是自在。克制欲念不肯随心遂意的，就是不自在。这就是孔子说的克己。己系人欲，说克己复礼为仁，就可知人欲所在，就不是仁。仁是天理，克制人欲，恢复天理，就是圣人教人的目的。何为恢复天理呢？就是恢复本体原有的仁义礼智的良心，所以一旦去欲存理，自然智慧道德都俱足了。孔门讲的礼就是有形的天理，就是从天理定成的戒律。所以讲到做圣的功夫，先要从消极方面用力。孔子说非礼勿视、听、言、动，都是消极的功夫，须要能够把非礼的制住不做，那么合礼的视听言动就有极大的力量。所以佛家人门，先教持戒。消极方面，杀盗淫妄酒一一戒除；积极方面，仁义礼智信自然一一呈露。浅识的人说东方圣哲的教义是消极的，不知道消极克己，就是为的积极爱人。西方学者口称爱人，口称幸福，自以为是积极做事。连如何是幸福，如何是积极，如何是真爱人，都没有弄明白所以然者，仍是智慧不修的缘故。

六、习圣贤智慧

按照东方圣贤的学说，凡事都有两面，虚空的里面有实在的，倒是我们寻常的肉眼能看见实在的物事却是虚空的。诸君若不信，

白難陀龍王
娑竭海龍王

青龍

请看世间上有坚固不坏、长久不变的形体没有。现在认为钢筋水泥的建筑，是百千年不坏的。请到日本东京一看，三年前的建筑物现在都不见了。这些极坚固的工程，经了十分钟的地震，就消灭了。秦始皇建阿房宫几十年还没完工，几天就烧完了；又在骊山修建陵墓，驱役几十万人，十年造成，不几时就被后人毁掘了。我眼看许多富贵人买田地、盖产业，预备子孙百年的享用，大概三五十年就换了姓了。又有些人花几万的银子，建造坟墓，不过几十年，那些石头又到了别人的墓上去了。这都是世人的聪明所认为积极和真实的物事，拼命地向这一路用心机，营谋争夺。弄到了手，自鸣得意；弄不到手的，咨嗟叹息。谁知却是冤枉百忙。生时招怨结仇、提心吊胆，到死的时候，还带着许多对良心不住的事进棺材去，留了银钱专为子孙诲淫诲盗、劝惰劝骄、嫖赌逍遥，杨梅鸦片，陆续而来。这都是无慧的结果。认空为实，认假为真，逞着自己的感情思想，一意孤行，不肯虚心研究古人的教义，到死不明白自己的错误，真是太可怜了。

大概世人有一个通病，就是觉得“我”总是好的，心里常想即使我不能比古圣贤，也不至于十分离经的。像我这样的做人也够了，何必求得太深，说得太精，行得太苦呢？听见某人立了什么省克课程，某人受了佛家戒律，心里就想这个书呆子把这件事看得如此要紧，虽然也是好处，但未免太拘束自苦了。又在社会上行不通，做事都困难，不如像我这样随和些好。况且像我这样明白道理识大体，自然不会做出坏事来。既然不做坏事，就是善人了，也就够了，就做个孔子、释迦又怎么样呢？见着刻苦自励的人，即是这样的自己排解，自己安慰。遇着不如己的人，更自鸣得意，觉得世间上谬妄昏迷的人这样多，我总算是超群出俗了。这一类的人，世上最占多数，一知半解，浅尝辄止。孔子说“似是而非者”，佛说“不究竟者”，圣人谆谆诲人，如来苦口说法，正为此辈。所以孔教要“止于至善”，佛教说“究竟义”，就是纠正这种谬误的观念。孔子说要“博学之，审问之，慎思之，明辨之，笃行之”，孟子说“五谷者……不熟，不如荑稗，夫仁亦在乎熟之而已矣”；孟子又常说人有心不用，引为叹息。无非要人把这事看得认真，不可含糊自误。

七、 戒定生慧，破除我执

所以说修慧先要戒定，但是戒定的功夫先要破除我执。若是有了一个“我”字亘在心中，就是圣贤佛菩萨也无可奈何。所以孔子要毋意毋必毋固毋我。这“意必固我”四字，都是由“我见执着”发出来的。佛经几千卷，都是教人破我执、除我见、说无我。这层不能领会，什么学问都不必讲；这关不能打破，什么功夫都不能做。若要问世上何种人最愚蠢可怜，我就回说，是自以为不糊涂的人最愚蠢可怜的。诸君听着必定觉得这话太过，但这是真确不错的。大凡圣贤明白的人，都是先把“我”字当作大病医治，也就是把我当作别人看待。例如曾子三省吾身，孔子叹息说人不能见过自讼。孔子大圣还自己时时自觉有过，甚至晚年还说假我数年，卒以学《易》，可以无大过矣。要说学《易》，才庶几免于大过，那是讲现在尚难免于大过。很明白了才说难免于大过，小过就更不用讲了。所以我们要问自己，究竟我们比孔子高些吗？即使同孔夫子一样的圣智，也是很用得着讼过改过的功夫了。但是我们究竟觉得自己有大过没有？若是还有觉得自己没有种种的大过，那自然是自认为比孔子更圣更智了。这种比孔子更圣更智的人，满天下皆是。从我们的良心来观察，这些人果真是圣智吗？若是不然，是什么呢？这按语用不着说了吧！

八、克己、改过、自省

所以修慧有几层功夫：一层是克己，一层是改过，一层是省察。克己必须有一定的戒律，非礼勿为是儒家的戒律。但是礼字很宽泛，若是不深知格物致知在无自欺、无自恕上切实做功夫，就会随着自己的意思来解释礼字，非礼也说是礼了。所以不如佛家的戒律，明白切实，根本戒五条，是杀、盗、淫、妄、酒。再分为十则，是杀生，偷盗，邪淫，妄语，两舌，恶口，琦语，贪欲，嗔恚，邪见。再细的还有几百条，但是若能把这五条或十条，随时奉为规矩不违反，那么这些遮蔽我们智慧的物事，自然就少了。但是虽然有了这些规则，可以遵守，无奈何有的习气熏染已深，时常会发现流露出来，所以要做改过省察的功夫。改过是断除旧有的习气，省察是照管未萌的妄念。旧污不除尽，新污不除尽，这光明的心地就会云雾腾腾起来。所以孔门要格物致知，省身自讼；佛家要常

惺常寂常照，断除一切烦恼习气。都是为的要恢复明德大觉，不要为一事一物所牵引和障蔽。原本事物本不能障蔽我们的心，只是我们的贪嗔邪见烦恼习气自己来障蔽清明的本心。所以圣贤佛菩萨教人要知非改过，断除习气。无非是要存心养性，明心见性。就只是要明白、莫糊涂罢了。

我们翻开历史，总看见混乱的时代多；又默观时事，也觉得烦恼事情多。大概都是一些自命为聪明才智的人，在那里逞才用智，总想要富贵盖过今人，功名盖过古人。譬如王莽曹操袁世凯一流人，从我们后人看他们的遗迹，他们的智慧究竟何如呢？又有一等学者，自觉学识过人，要以经济用世，自以为见解、理想超过古人。

这发明是至妥极善、万世不易的良法，执着一己的见解就是杀人用兵也要办到。只缘我见我执太深，把孔子所说的意必固我四个字都做到了。既然心怀成见，不肯虚心考察，自然蔽聪塞明，糊涂地硬干。俄国这六七年情形在历史上不过又是一个王安石的时代罢了。大凡这种害事祸世的人，随时随地都有。

以上不过是历史上最著名的例子。这些人所以弄到如此，只为自恃聪明之故。自觉聪明的人，完全靠意识做主，他的真聪明已经被一个“我”字障蔽住了。所以真智慧要从无我做出，要从虚心谦卑做出，要从知非改过做出，要从持戒克己做出。有了这几层功夫，身体力行方能定静，庶几不至于大糊涂了。

聂云台纪事

1872年，外祖父曾国藩逝世，追赠太傅，谥文正。

1875年，曾纪芬（曾国藩幺女，聂云台母亲，晚年号崇德老人）出嫁湖南衡山聂家。父，聂缉规，字仲芳，曾先后任苏松太道台、浙江巡抚及江南制造局主办。

1880年，九月初五日于长沙出生，名其杰，号云台。排行第三，三岁时随父迁居上海。

幼年与兄弟姊妹在家中延师共读。

1893年冬间随二哥回衡阳原籍应县试，考取秀才。后在上海，跟随外籍老师学习英语，涉猎电气与化学工程，通达化工学科，尤精英语。

曾到美国留学，参加留美学生组织的“大卫与约翰”兄弟会。在美国学成回国后，正值清季末年，国势积弱不振。主张“教育救国，实业救国”，个人事业也从实业着手。

1898年，闰三月初四日娶妻萧氏。

1901年3月12日，生子光。

1904 年，父聂辑规任江苏巡抚，命亲信汤癸生组织复泰公司，由癸生任总经理，聂云台任经理，从事纺织工业的发展。后又租下华新纺织局，聂云台任董事。翌年，汤癸生病逝，聂云台继任复泰公司总经理，其弟其臣任协理。聂家拥有复泰百分之六十股权。

1909 年，以银 31.75 万两买下华新，改名为恒丰纺织新局，任总理。为实现其实业救国的理想，于接办恒丰后，在厂中开设训练班，培训纺织人才，废除包工制。

1911 年 2 月，父聂缉规逝世，聂云台回湖南办理丧事，并留在家乡办理墓工。

1912 年，其主持下的恒丰纱厂，率先将蒸汽引擎改为电动机，降低了成本，也增加了产量。在当时纺织界中，为首开风气的创举。

聂云台早年留学美国曾加入基督教的兄弟会组织，此时与其妻萧氏同受基督教洗礼，夫妇二人都成了基督教徒。

1913 年，聂云台有感上海东区劳动人民子女失学者众，且无良好之学校，遂捐地十余亩，报请工部局核准后，按相致中学模式，建屋兴学。

1915 年，校舍落成，命名为聂中丞公学，以纪念其父聂缉规（1941 年更名为缉规中学，1951 年改名为上海市东中学。李敖曾就读于此）。

是年 4 月，赴美考察实业，主要考察美之纺织工业。约请美棉业专家来华调查，协助改良中国的棉花种植。其平常热心于改良中国的棉业，以挽回国家的权益。常捐助巨款，支持金陵大学建立农科，改良中国棉种。

其间，先后被聘为复旦大学董事与启明、启秀、中西三所女中的顾问。

1916 年 5 月 2 日，聂中丞公学正式开学，学校设金水手工科，以利学生就业。此举在全国各中学尚属首创。鉴于东区劳动人民子女家境清寒，聂云台与工部局商定学费低于他校，并设奖学金资助学生，培养大批人才。

1917 年与蔡元培、黄炎培、张謇、郭东文等。发起组织中华职业教育社，任临时总干事。后在上海开设职业学校，推行职业教育，以培育职业教育人才。

第一次世界大战后，对恒丰进行扩充，增添纱锭和布机，并着手兴建恒丰二厂及织布厂。

是年，妻子萧氏病逝。

1919 年 6 月，筹建大中华纱厂。

1920 年，任上海总商会会长和全国纱厂联合会副会长。

1921 年于长沙开设协丰粮栈。粮栈可容稻谷 10 万石，并采用机器碾米出售；又为恒丰纱厂在湘推销产品，代收货款，经办汇兑业务等。

1922 年与友人尹任先合伙发起招股，在吴淞投资兴建大中华纱厂。

1923 大中华纱厂建成，拥有纱锭 4.5 万枚，规模设备为当时一流，被称为模范纱厂。聂云台出任董事长兼总经理。

1921年前后的数年中，聂云台锐意进取，积极拓展事业。分别与友人姚锡舟等集资，在崇明岛创办大通纺织股份有限公司；与吴善卿等合作在上海创办华丰纺织股份有限公司：与王正延、钱新之合资创办华丰纱厂，有纺锭1.5万枚；与张謇、荣宗敬等合资在吴淞创办中国铁公司，自制纺织机械；与穆藕初、闻兰亭合办中华劝工银行；与穆藕初等组织上海纱厂联合会，筹建上海纱布交易所；并与孔祥熙、陈光甫等台资创办中美贸易公司。

此外，他还投资于维大纺织用品公司、大通纺织股份有限公司，泰山砖瓦厂、益中福记机器瓷电公司、中美贸易公司等企业，并在这些公司中分别担任董事长、总经理、董事等职。

1923年外国资本侵入，华资棉业惨遭打击，聂云台未能幸免，其经营的各企业也都遭受巨大损失，家族企业恒丰纱厂后来负债60万银元。

1924年8月，大中华纱厂仅以150余万两忍痛出售。

1926年，被迫以退休名由，退居幕后，担任上海公共租界工部局董事和顾问。

事业失败，妻子撒手人寰，遂感到人世万法如梦幻泡影，乃转而信仰佛教，皈依于如幻法师座下，潜心学佛，闭门静思。后又参谒印光法师，受持五戒。

1927年，华丰纺织厂被日商吞并。

1932年，中国铁公司的工厂，于“一・二八”战事中毁于炮火。

1937～1945年，抗战时期，恒丰纱厂曾被日本军管；1942年与日本大康纱厂合办，成立所谓“恒丰纺绩株式会社”。

1942年，母亲崇德老人逝世，享年91岁。遗有一册《崇德老人自述年谱》。

1943年，因骨结核病截去半腿，不良于行，自此除读经念佛外，更不外出。

1942～1 943年，所著《保富法》刊登在《申报》上，读者深受感化，于数日间捐入“《申报》读者助学金”，多达47.57万余元之巨，传为佳话。商界、文化界名人纷纷撰文力荐，为之流传不吝费力。

1945年，抗战胜利后，恒丰被国民政府经济部清查敌伪产业委员会接收。聂云台写信向宋子文求助，并通过军政部次长俞大维说情，才将产权收回。收回后已无力经营，遂邀大棉商吴锡林、吴柏年入股，改组为恒丰股份有限公司，任董事长。

聂云台晚年隐居礼佛，不问外务。于家中设置佛堂，供奉观世音菩萨及地藏王菩萨，每日诵读《金刚经》、《观世音菩萨普门品》及《地藏菩萨本愿经》，作为常课。在领悟大乘六度的意义后，将自已的私财及妻子萧氏夫人遗留的财产、金饰等全部捐了出去，用以救济湖南各地的灾民。

聂云台重视家庭之教育，为益同辈和晚辈，创有《聂氏家言旬刊》，为古今中外家庭教育之创举。

1953年，12月在上海病逝，终年73岁。